花卉、庭木、观叶植物一本搞定！

园艺栽培事贴

（日）渡边均 编
郭巧娟 译

前言

一盆碧绿，一朵小花，一株庭木，一丛香草。

这些植物都带给我小小的慰藉和大大的快乐。

植物的力量远比想象中的大。

冒新芽、结蓓蕾，

每个时期的小小变化都带给我惊喜和心情的丰润。

与植物亲近的生活，只要体验过就无法再失去。

这是一种无法言表的美好感受。

本书就是为了这样的园艺爱好者而作，

它把和植物愉快相处的诀窍

作最妥当的汇整说明。

当您烦恼该怎么办呢？

"真是伤脑筋……"的时候，

就翻翻这本书吧！

知道了方法就一定可以解决问题；

了解了植物的性质，

更能帮助你容易找到答案。

植物最厉害的地方就是它们顽强的生命力：

艰难时期就让种子休眠以便求取生命的延续；

能以一小部分的枝、叶让自己重获新生。

只要了解这个性质，

就有可能让原本以为没救了的植物再活过来。

植物有各式各样的种类，

它们的性质和处理方法也各不相同，

但基本上相差不大。

例如，需要透气性良好的土壤，

浇水要遵循"不干不浇，浇则浇透"的原则，

枝条不正常的抽高要修剪……

只要记住诀窍，就能使患病的植物恢复健康，

甚至繁殖成功。

为了确保你看懂学会，

本书的操作方法都附有照片及详解，

要领及原理也都做了详尽说明。

从小盆栽、花圃到庭木，

都是本书的讨论范围。

期盼你也能乐在与友邻分享植物之美的每一天。

目录

第一章
基础知识　植物的生理机制　9

依植物度过一生的方式区分
植物的类型　10
一二年生草本植物 12　多年生草本植物 14　多年生木本植物 16

植物的结构及各部名称　18

植物的生长机制　20
发芽 21　生长 22　开花 24　结果 25　营养繁殖 26

第二章
基本作业一　定植　27
草花幼苗的定植 28　球根的定植 34　庭木的定植 40

第三章
基本作业二　繁殖　47
播种 48　育苗与移植 56　扦插 58　压条 66　嫁接 68

第四章
基本作业三　修剪、改植 73

修剪 74　　庭木的剪定 76　　整枝与造型 80　　改植 82　　分株 88　　分球 92

第五章
基本作业四　日常管理 95

浇水 96　　培育植物的环境 100　　肥料 104

摘心、摘侧芽 108　　摘花蒂 111　　季节管理 112　　病虫害的种类及其防治对策 116

第六章
基本作业五　资材与工具 123

土壤 124　　制作培养土 126　　如何判断腐叶土的好坏 128

如何挑选市售的培养土 129　　土壤的再利用 130　　花圃用土的制作 131

花盆 132　　定植、制作土壤的工具 134　　浇水的工具 136　　修剪的工具 138

目录

第七章
世界无限宽广、探索没有尽头
各式各样的园艺 141

盆花的栽培 142

草花的栽培 144

- 适合初学者的草花 146　●地植的管理 147
- 享受寄植的乐趣 148　●适合寄植的草花 150
- 别有一番趣味的挂式盆栽 152

香草的栽培 154

蔬菜的栽培 156

- 菜园的作业 161

庭木的栽培 162　花木的栽培 164　玫瑰的栽培 166

铁线莲的栽培 167　果树的栽培 168　观叶植物的栽培 170

洋兰的栽培 172　圣保罗堇的栽培 173　仙人掌的栽培 174

多肉植物的栽培 175　空气凤梨的栽培 176　用苔球栽培植物 177

此时该怎么办呢
园艺作业的问与答 ① ② ③　46・72・140

园艺用语辞典 178

第一章

基础知识
植物的生理机制

植物的类型

依植物度过一生的方式区分

和我们人类相似，植物也有从种子发芽，到生出种子并枯死的一生。

不过植物度过一生的方式各不相同。

依照植物其一生的长短及特征可分为两类。

▍依植物生命周期分类可分为两类

虽说植物并不会像动物一样有动作，但植物也是有生命的，它们一点一点地生长着。植物也有它们的一生。从种子发芽、成长，到最后枯死，我们把这过程称为植物的周期。

植物可以依照各式各样的特征做植物学上的分类，但园艺领域是依照植物的生命周期来分类的。这个分类法是把重点放在影响园艺作业的重要因素上，也就是植物生存期间的长短及栽培方法的共性上。如果以生命周期来分类，就可以把植物分为"一二年生草本植物"和"多年生草本、木本植物"这两大类。

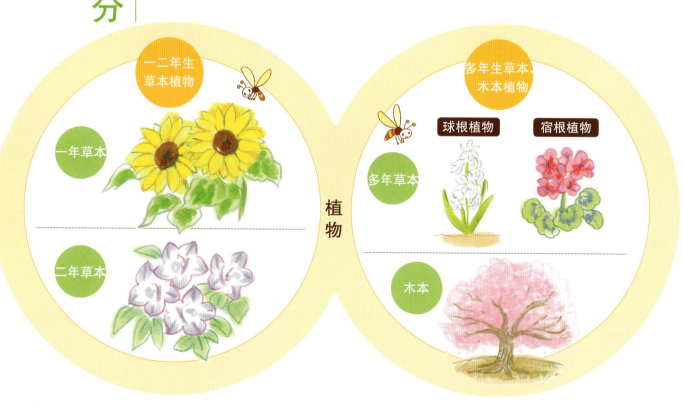

一二年生草本植物

一年生草本植物就是指从播种、发芽、开花、结果到枯死的周期在一年内完成的植物。

二年生草本植物就是指从发芽、开花、结果到枯死的周期为二年的植物。

多年生草本、木本植物

在非一二年内结束生命周期的植物中，有木本植物和多年生草本植物（茎不会木质化的植物）。

多年生草本植物又分为几个种类。主要是一到冬天茎和叶就会枯死，只留下根来度过冬季的宿根植物、常绿性宿根植物，以及借由使地下部分肥大的方式来度过不易生长的寒暑时期的球根植物。

木本植物就是指可以活很多年，而且茎会变粗并发展成枝干的植物。

▍了解植物的生命周期就是栽培的第一步

植物会依其生命周期在一年中的特定期间进行特定的活动。如果不知道这一点，把该在秋天栽种的植物改成在春天栽种，就可能发生虽然很用心照顾却枯死了的情形。因此种植的植物，首先要了解该种植物的生命周期，并据此操作，这样才能培植成功。

第一章　基础知识　植物的生理机制

第一章 基础知识 植物的生理机制

族群 1 一二年生草本植物

一年生草本植物

三色堇的生命周期

- 7月 July
- 8月 August
- **播种** — 9月 September
  三色堇和香堇菜是属于秋播的一年生草本植物,最佳播种时机为9月。
- **发芽** — 10月 October
  动作快的在播种后第5天左右就会发芽。10天后应该全部都发芽了。
- 11月 November

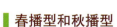

春播型和秋播型

一年生草本植物可依播种时机不同区分为两大类：适合在春天播种的春播型和适合在秋天播种的秋播型。春播型的赏花期是夏季到秋季，秋播型的则是在次年的春季到夏季。花期长、人气高的三色堇和香堇菜，也属于色彩丰富且会不断开花的一年生草本植物。园艺的基本就是要了解每种植物的播种时机并适时播种。

从播种到枯死，生命周期跨越两年的二年生草本植物并不多。它结果之后就会枯死这一生命规律也和一年生草本植物一样。

另外，也有本来是属于多年生草本植物却因为气候的影响而被分类至二年生草本植物的草花。原因是它们受不了种植地夏季的暑气及冬季的寒气，无法持续存活至周期结束就提早枯死了。

能轻松享受赏花之乐的一二年生草本植物中，除了三色堇外，较具代表性的还有波斯菊、麝香豌豆、雏菊、向日葵等。

枯死

到5月前后都会一直重复开花和结果的过程,但三色堇不耐热,所以到了夏季就会枯死。一年生草本植物三色堇的一生到此就结束了。

结果

花谢了就会结果,但植株还会继续成长至下一季,所以不要摘除花蒂,就让果实结成,并把种子留起来。

开花

继续成长,12月左右开始开花。花期很长,一直到次年5月左右都可以看到可爱的花。

生长

播种后经过2~3个月就会长出5~6片本叶。

第一章 基础知识 植物的生理机制

族群 2 — 多年生草本植物

依栽种时机及休眠方式分类

多年生草本植物依其休眠方式不同可以区分为宿根植物和球根植物两种。

宿根植物依度过艰难季节的方法不同，又可分为两种类型。一种是落叶性宿根植物，它们的叶子枯萎但根还活着，并在地上或地下冒出芽来度过艰难时期；另一种是像圣诞玫瑰那样的常绿性宿根植物，它们的叶子还在，但代谢速度变慢了。

球根植物在地下的球根中蓄积了很多养分，所以地上部分枯萎时，它可以继续存活。依球根的形状不同，它又可以再分为几个种类：有的根部有肥大的块根，有的茎部有肥大的块茎或球茎，有的是鳞茎类中心部分的茎等被鳞片状的叶子包覆着的，等等。郁金香就是鳞茎类的球根植物。

另外，球根植物依栽种时机不同又可分为春植和秋植两大类。

宿根植物
圣诞玫瑰的生命周期

休眠　圣诞玫瑰不耐热，所以会以休眠的形态度过夏天。在此期间，有花的茎会枯萎，代谢速度也会减缓，但新的叶子会慢慢长出来。

结果　花期结束，5月左右子房开始膨胀并长出种子。

播种　9月底是播种的最佳时机。

发芽　播种半年之后就会长出芽来。

生长　从发芽一直到后年的秋天，植株会一直生长，但不会开花。

蓓蕾　到了播种后第 3 年的 12 月前后，花茎会长得很高，并在末端结出蓓蕾。

开花　动作快的第 3 年 12 月前后就会开花。在花数比较少的冬天也会继续绽放，从 12 月到来年 3 月前后可长时间地欣赏到美丽的花朵。

郁金香的生命周期

球根植物

郁金香是秋植的球根植物。园艺常见的宿根植物有非洲菊、铃兰、圣保罗堇、玛格莉特、天竺葵等，球根植物则有风信子、水仙、银莲花等。

休眠
到了6月，地上的茎和叶就枯萎了。新结成的球根会一直休眠到秋天来临为止。

开花
3~4月开始迎接花季。此时，土壤中也开始发育出下一代的球根。

蓓蕾
在嫩叶齐发的时节，随着天气逐渐回暖，末端有小蓓蕾的花茎也日渐长高，蓓蕾一天天膨胀。

生长
从地上冒出芽之后，叶子就会迅速地生长。

发芽
等到根长得够长了，就会从土里开始冒出芽。到了来年3月前后，土壤表面就可以看到芽了。

根的生长
定植后一个月左右，根开始伸长。

定植
10~11月前后都很适合定植。沉睡了一个夏天的球根在土壤中苏醒过来。

第一章 基础知识 植物的生理机制

第一章 基础知识 植物的生理机制

族群 3 多年生木本植物

紫阳花的生命周期

开花
6～7月的梅雨时期就是紫阳花的花季。

5月 May
6月 June
7月 July
8月 August
9月 September
10月 Oct

花芽
初秋的9～10月会长出花芽。

木本植物的两种周期

木本植物都会重复开花、结果，并且生存很久。但若以一年为周期来看，它们则可分为两大类，即一年到头都枝繁叶茂的常绿树，和到了秋天会落叶、休眠的落叶树。了解这两类树木的性质，就可以当做园艺设计时的参考。例如，想种在冬天不需要遮阳的位置，或希望欣赏到美丽红叶的话，就种落叶树；如果想做成整年都有遮蔽效果的篱笆，就种常绿树。

此外，树木依其高度还可分为乔木和灌木两大类。乔木有主干，枝则是从主干生出来。灌木是在靠近地面的位置就分出很多枝条。了解乔木、灌木的性质，对于调整庭园造景的平衡感相当重要的。依上述分类，紫阳花是属于落叶灌木的一种。

另外还有枝条会向四周伸展扩张的蔓性木本植物。蔓性植物的特殊生长形态很适合制作绿窗帘。窗户多了绿窗帘的覆盖，更能有效地遮蔽暑气和日光。

开花木本植物的代表植物除了紫阳花之外，还有樱花、杜鹃花、丹桂、玫瑰等。

蕾蕾
当暑气渐起的5月来临，就能在枝头看见蕾蕾了。

生长
植株在春意渐浓的2~3月会从休眠状态中苏醒过来，新芽也开始成长茁壮。

4月 April
3月 March
2月 February
1月 January
12月 December
11月 November

休眠
11月下旬进入休眠，只剩下几片叶子。

落叶
到了11月左右，叶子会逐渐变黄、变红。接下来就慢慢凋零。虽然会落叶，但花芽也差不多都长好了。

第一章　基础知识　植物的生理机制

植物的结构及各部名称

名称

这里要介绍的是我们似曾相识，却又不敢确定的植物结构及各部名称。除了各部名称之外，你最好一并记住叶子和花的排列方法及名称，相信这对植栽也会有所帮助。

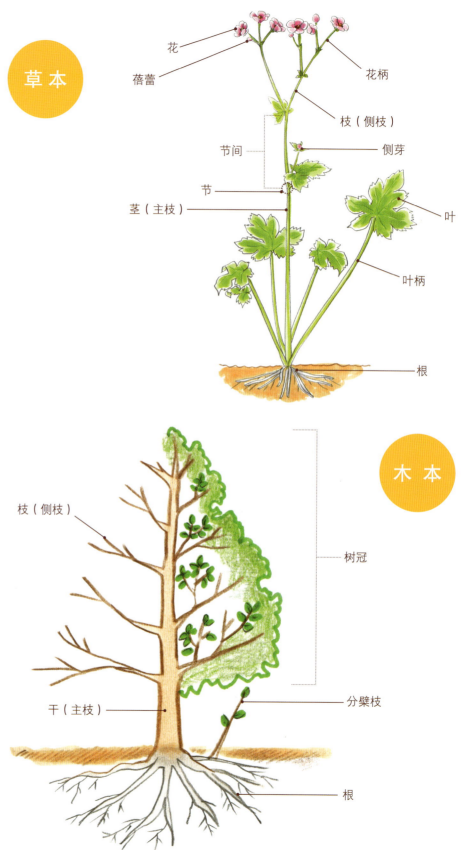

叶的排列方式

叶子的排列方式主要分为三大类

叶子是如何生长在茎上的呢？其附着方式、排列方式就称为叶序。每一种植物都有它的叶序规则，主要可以分为三大类。区分方法是看附着在根、茎上同一位置的叶子总共有几片。

叶序的种类

对生	互生	轮生

叶子在茎的同一高度上两两相对而生。	叶子的生长位置为一片一片地错开。	在茎的同一高度长出3片以上的叶子。

花的各种排列方式

花序的种类

花朵生长在植株上的方式有很多，有像郁金香那样末端只有一朵花的类型，也有像紫阳花那样很多花开在一起的类型。花的长法依植物不同，各有其一定的规则，称为花序。

花序中央的茎称为花轴，花朵附着的枝称为花柄。花序的分类是依照花轴的长度、花柄的有无，以及花朵的配置等来进行。

主要的花序种类

伞房花序	总状花序	穗状花序	单生花序
从花轴上长出的花柄排列成水平或半球形，如紫阳花、麻叶绣球花等。	长长延伸的花轴上长了很多有花柄的花，如洋地黄、风信子等。	长长延伸的花轴上长了很多没有花柄的花，如金鱼草、剑兰等。	茎或枝的末端只长了一朵花，如郁金香、三色堇等。

圆锥花序	二歧聚散花序	伞形花序	复伞形花序

从花轴分枝好几次并长出花朵，整体呈现圆锥形，如稻、紫薇等。	花轴的末端有花，且其下会长出2根侧枝，末端也会开花，如石竹科、秋海棠等。	短短的花轴末端长出放射状的复数花柄，如葱、红花石蒜等。	伞形花序的每一个伞梗再生出一个伞形花序。

肉穗花序	头状花序	蝎尾状聚伞花序
肥大的花轴表面长着密密麻麻的花，如水芭蕉等。	花轴的末端呈圆盘状，盘上长了很多没有花柄的花，如菊花、蒲公英等。	花轴的末端有花，其下长出1根侧枝，侧枝的末端也有花，重复这个结构，如勿忘我等。

第一章 基础知识·植物的生理机制

植物的生长机制

植物会依照发芽、生长、开花、结果这个程序来生活。而在这个程序中，叶子、花、种子等各担负着什么样的任务呢？知道了植物的生长机制，在进行园艺作业时，时机以及做法等各项要领就很容易掌握了。

温度 Temperature

最适合植物生长发育的温度是15～25℃。因此，一般认为樱花绽放的春天就是开始进行园艺工作的最佳时机。另外，植物在5℃以下会停止生长并开始休眠。也就是说，到了秋意正浓、树叶凋零的时节，植物的活动就停止了。总之，温度与植物间有着极为密切的关系。

水 Water

从根部吸收的水分会把营养和能量物质运送到植物的各部分。进行光合作用制造葡萄糖时也会用到二氧化碳和水。此外，叶子制造出来的葡萄糖，也要靠水分运输至根部或果实中储存。总之，水分在植物体内循环流动，对植物的生长有着极大的帮助。

阳光 Light

阳光是植物生长不可或缺的要素。没有太阳的能量，植物就无法进行光合作用取得生长必需的糖类。但植物因原本生长发育的环境不同，有些喜欢阳光直射，有些则喜欢荫蔽处。此外，开花所需的日照时间也会因植物而异。不同植物的必要受光量及时间长度都不一样。

▎植物生长的必要元素及条件

就像人类需要食物和水才能存活一样，植物的生长也有不可欠缺的要素，那就是温度、水和阳光。植物在其生长的每一个阶段，即发芽、生长、开花、结果的每一个环节，都需要温度、水和阳光。

园艺就是配合植物的需求，随时把环境调整成让植物能舒适成长的状态。例如注意适合播种的气温，冒芽后要提供光合作用所需的阳光以利成长，还有补充生长发育不可或缺的水等，每个程序都有其必要条件。

另外，有些植物发芽时需要一定时间的日光照射，有些则需要一定时间的阴暗。也就是说，就算程序相同，必要的条件也不见得一样。了解每种程序的必要条件及环境，还有每种植物本身所要求的环境条件，对于想把植物照顾好是非常重要的。

发芽

▎水、温度、氧气都具备了就会发芽

休眠状态的种子只要处于温度、水、氧气等条件都备齐的环境，就会从休眠中苏醒发芽。如果温度适当也有氧气，但没有水，或水和氧气都有，但温度不适合等，即三个条件只要缺了其中的任何一项，种子都不会发芽。

最适合发芽的温度范围称为发芽适温。植物的发芽适温在 20 ~ 25℃。当温度在这个范围内时，细胞分裂就会活化，芽就发出来了。

另外，植物发芽需要大量的水分。这些水分会由种皮等吸收，然后活化并牵动发芽的机制。

氧气是植物呼吸时所必要的，也是种子发芽时所不可欠缺的。因此，种子一定要播在富含氧气的土壤里。如果使用空气含量稀少的黏性土壤，氧气就会不足，就算发了芽，也不能顺利生长。

还有，虽然发芽了，如果无法得到之后生长发育所需的温度和阳光，植株也会枯萎。因而播种时就要把此后的各因素都考虑进去，这点是很重要的。

种子的构造

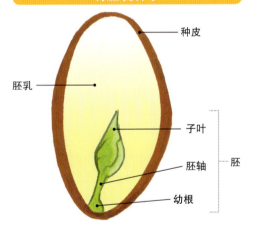

有胚乳种子：种皮、胚乳、子叶、胚轴、幼根、胚

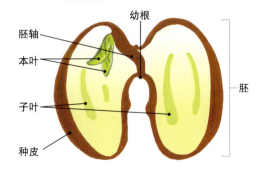

无胚乳种子：幼根、胚轴、本叶、子叶、种皮、胚

 种子的任务

机制

种子可以分成两类。第一类如稻子、麦子、柿子等的种子，它们由包覆表面的"种皮"，会长成叶、茎、芽的"胚"，以及储存胚成长时所需之养分的"胚乳"等部分所构成。它们因为有胚乳的关系，被称为"有胚乳种子"。

另一类如大豆、栗子、向日葵等的种子，它们只由种皮和胚构成，没有胚乳，所以被称为"无胚乳种子"。无胚乳种子是由占种子大部分的肥大子叶来储存养分，担任胚乳的任务。

任务

植物因严寒或酷暑而无法继续生长时，就会留下种子来传宗接代。种子不会立即发芽而会先休眠一阵子，等到环境条件都备齐了之后才会发芽。种子就是借由在艰难季节沉睡的方式达成延续生命的任务。

不过，并不是只要环境条件备齐，种子就一定会发芽。也有就算条件都符合了也要经过一定期间才会苏醒的植物。如要催促此种植物发芽，就要做低温处理或药物处理等，以人工的方式令其苏醒。

第一章 基础知识 植物的生理机制

生长

满足了通风、湿度、肥料等条件,植物就会慢慢长大

植物成长的必要条件总的来说就是通风的环境、适合的湿度,以及适量的肥料。

首先,不论是什么植物,良好的通风都非常重要。通风不良,空气就无法顺利流动,这样会导致光合作用所需的二氧化碳不足或过于闷热,进而引发病虫害。

每种植物适合生长的湿度都不一样,但多数问题都是由于使用了排水不佳的劣质土壤,导致湿度过高并造成根部腐烂。园艺上请尽量使用能适当排水的土壤及透气性佳的花盆。

营养也是让植物健康成长的必要条件。如能提供适量的肥料,植物就会不断成长。在施肥之前,要先确认当前的要求及植株的状况。例如,希望开出更美丽的花,但是否因为空间有限,造成营养不足等等。然后适度施肥,这对植物的生长而言是很重要的。

✹ 根的任务

根最主要的任务就是从土壤中吸取养分和水分。为了寻求水分和养分,根会不断向四周延伸。

根的形状会因植物的种类而异。一般而言,植物的根有两种类型,一种是从一根被称为主根的粗根旁边长出很多侧根,另一种是从茎的下方长出很多被称为须根的细根。球根有的是根的一部分,有的则不是。

根的另一个重要任务是固定身体,支撑茎、叶等地上的部分。根在我们看不见的地方担负着重要的任务。

根的机制

✹ 茎的任务

茎有两个任务。其一是把从根吸收进来的营养和水分,以及叶子经由光合作用制造出来的糖类,运输至植物体各部分。叶子借由光合作用制造出来的糖类,是经由形成层外侧被称为筛管的管路,运输至植物体的各部分。而从根吸收进来的水分和养分,则是通过形成层内部被称为导管的管路,流到叶子和茎上。形成层就是使植物体生长的分裂组织,会不断地制造出新的细胞。

茎的另一个任务是支撑身体。与根、叶相比,茎的表皮比较强韧而且坚固。故此,植物虽然不像动物那样有骨头,却也能直挺挺地站立着。坚硬的表皮还有守护内部、防止干燥的功能。

茎的断面图

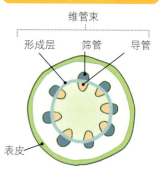

✺ 叶子的任务

机制

叶子是由"叶身"及连接枝和叶身的"叶柄"所构成。叶身上有包含"主脉"及"侧脉"的叶脉。光合作用所需的水分就是通过叶脉输送到整片叶子上的。

多数植物的叶子都薄而宽,原因是这种形状比较适合进行光合作用。表面积大且薄的构造让叶片能够更有效率地接收阳光。

叶子的构造

中央脉
叶身
侧脉
叶柄
叶子

光合作用

植物为了生长,会自行制造所需的养分,而承担这个任务的就是叶子。叶子通过其表面的叶绿体进行光合作用,制造养分。

光合作用就是以水和二氧化碳为原料,利用光的能量把它们转化成养分(糖类)及氧气的机制。植物把水从根部吸收上来,通过茎和叶脉到达叶绿体中。二氧化碳则是从叶子里侧的气孔送至叶绿体中。接着利用太阳光的能量,将这两种材料转化成养分和氧气。制造出来的养分再透过叶脉抵达其他部分,供植物本身生长使用。氧气则被排出去。

发芽并长出叶子的植物会利用光合作用让自己生长茁壮。光源不足时,叶绿体就会增生,叶色就会变浓,或是为了求取更多光源而歪曲地生长。这样的延伸方式称为徒长,植株虽然高,却很虚弱,不是健康的状态。

反之阳光太强时,叶色就会变淡;阳光一旦超过临界点,叶子就会呈现类似灼伤的状态,称为叶烧。

光合作用的机制

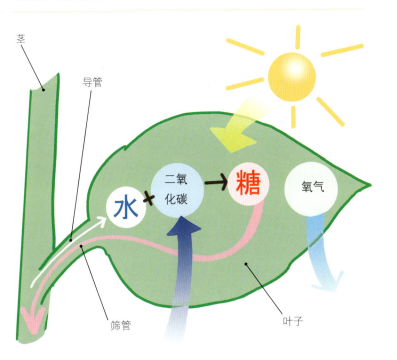

第一章 基础知识 植物的生理机制

开花

第一章 基础知识 植物的生理机制

多数植物会感知大自然的变化并开花

只要气温、阳光等条件都满足了，植物就会不断生长。有些植物是长到一定的程度就会开花结果，但多数植物是当气温降低、日照时间缩短，出现不易生长的自然条件时，就不再勉强自己成长，而会开始繁衍子孙。也就是说，植物会感知大自然的变化而开花并准备产出种子。

植物在持续生长时，茎会不断延伸，叶子也会变多，不过一旦要开始准备开花，就会产生变化。发育后变成叶子的芽称为叶芽，变成花的芽称为花芽。植物在生长期间会拼命制造叶芽，但一旦要准备开花，这些芽就会变成花芽。这个转变称为花芽分化。

花芽不久后会发育成蓓蕾，进而开出美丽的花，并等待繁衍子孙的下一个程序——受粉。

✹ 花的任务

机制

花是由"雌蕊""雄蕊""花瓣"，以及在外侧支撑花瓣的"萼"所构成。雌蕊有一个被称为"子房"的部分，这就是受粉后会变成果实的地方。子房中的"胚珠"将来则会发育成种子。

雄蕊由其末端被称为"花药"的袋状部分制造花粉，之后让花粉附着在雌蕊上完成受粉。

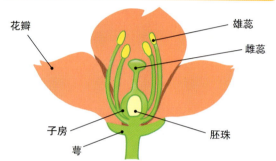

花的任务

任务

花的任务就是受粉。但植物没有办法自己动手，必须依靠其他介质来运送花粉。虽然风和水也会帮忙运送，但光靠这些并不能达到预期的受粉效果。

因此，植物就设法让鸟类和昆虫等生物来帮忙运送。为了达成目的，一定要让鸟类和昆虫们能立即注意到自己。于是花朵就慢慢进化成对鸟类和昆虫非常醒目的美丽色彩和形状。花朵之所以美丽，就是为了能够顺利受粉。

结果

▍受粉后子房会变大并结成果实

花粉附着在雌蕊的末端就称为受粉。受粉后，花粉会生出一道被称为花粉管的管路，一直延伸到子房中，让花粉的精细胞和胚珠完成受精。随后因受粉而蓬大的子房会发育成果实，在子房中不断进行细胞分裂的胚珠则发育成种子。

✺ 果实的任务

机制

植物受粉后，花的子房会发育成果实，里头的胚珠则会发育成种子。不过种子的配置及数量会因植物的种类而异，有像苹果那样种子位于果实正中央的类型、有像石榴那样分散在果实内各处的类型，也有像枹栎、麻栎那样一个果实当中只有一颗种子的类型。

任务

据说，果实是为了让动物帮忙运输种子到远处而日臻完善的。动物吃了果实之后，无法消化的种子就随着动物的运动而转移，最后被排在地上并就地发芽、生长。不但如此，果实为了要让动物来吃，也都进化成动物喜欢的味道。也就是说，不会移动的植物为了要在远方播下种子，于是制造出了美味的果实。

主要的果实形态

蒴果
成熟后，果实的几处会裂开，变成分裂的状态，如杜鹃花、牵牛花、凤仙花的果等。

蓇葖果
果实呈袋状，成熟后会纵向裂开，如五叶木通的果等。

颖果
种子被包覆在薄且硬的果皮中，且整个果实只装得下一颗种子，如稻子、小麦、玉蜀黍的种子等。

坚果
木质的坚硬果皮中只有一颗种子，如麻栎、枹栎的果实及板栗等。

营养繁殖

营养繁殖常被活用于园艺上

许多植物都是利用开花、受粉、长出种子这一方式繁殖。但是和动物不一样,植物繁殖的方法不止这种。它们还可以利用从自己的身体分出一部分等各种方式繁殖,称为营养繁殖。和种子繁殖不同,用这种方法繁殖的植物会拥有与母体完全相同的性质。园艺上经常会利用此种方法繁殖出相同的植物。

营养繁殖的方法当中,有使用枝条的插枝法、嫁接法,有使用叶子的叶插法,以及使用球根的分球法等,种类很多。使用这些方法有些会很快就长出根来,有些则要等上一段时间。要先了解想繁殖的植物属于什么性质,然后在适当的时机使用适当的方法繁殖它。

常用于园艺上的营养繁殖方法

嫁接

把想繁殖的植物的枝或芽连接在另一株植物上,借以繁殖兼具双方优点的植物。
（参照第68页）

插枝

把植物的枝切下来插在土壤里让它长出根。
（参照第58页）

分株

把植物连根带芽地分成几株来繁殖。
（参照第88页）

分球

把球根上新长出来的子球从母球上分割出来繁殖。
（参照第92页）

叶插

插枝法的一种,用叶子取代茎或枝插的土壤里,让它长出根。
（参照第64页）

压条

把植物的枝刮伤,让植物在那里长出根,然后再切开繁殖。
（参照第66页）

第二章

基本作业—
定植

草花幼苗的定植

> 草花幼苗比盆栽便宜而且种类繁多。定植得宜的话，不必太费心照顾也能长得很好。

■ 建议园艺初学者从幼苗开始着手

播种后，种子发芽并成长到一定程度就称为幼苗。要把植物从种子培育成幼苗并不容易，所以建议园艺初学者先从幼苗开始栽培。

幼苗大多都是种在育苗用的盆子里，园艺店卖的幼苗一般是种在直径 10 厘米左右的黑色或白色塑料盆里。

购买时请选择根系茂密、茎较粗、植株根基稳固的幼苗，叶子之间的间隔（节间）应以短而强健者为佳。间隔太宽者属于纤细瘦弱、发育不良的徒长幼苗，应该避免购买。也别忘了确认叶子是否有被虫咬过的痕迹，或有否皱、卷、斑点等现象，这些都是病虫害的征兆。

■ 了解定植的适期不要急着买

当某种幼苗在店里陈列得最多时，就是最适合购买该种幼苗的时机。幼苗通常会比实际的定植适期更早出现在市场上，因此不要急着买也是选购幼苗的要领之一。

例如，三色堇、香堇菜的幼苗在 9 月起就会被排列在店门口，但定植的适期是 11 月至来年 2 月下旬。太快买的话，放在手边自行维护的期间容易发生徒长或盘根现象。所以最理想的状况是等到要着手定植时，再选购状况良好的幼苗。不仅如此，等到适期再买，品种也会更齐全。

番茄和茄子等夏季蔬菜的幼苗在 4 月初就很常见了，但定植的适期是 5 月中下旬。5 月上旬前后可以看到的种类最多。

选择幼苗的方法 一

叶和茎等的地上部分长得很均衡，而且从盆底的孔可以窥见白色的根，这样就是好的幼苗，可以选购。茶色的根不行。只要比较就看得出来优劣。

好的幼苗
叶子数量很多，植株强健且安定。
洁白漂亮的根细密地盘绕于盆内。

不好的幼苗
外观杂乱，枯叶和花柄很醒目。
有些根变成茶色而且有腐烂的现象。

买回的幼苗要在1周内定植

把幼苗从育苗盆里移植到花盆或庭园中的作业称为"定植"。购回的幼苗请不要放置太久。最好能在一周内定植,超过这个时间就可能会导致盘根(第82页)。

根据植物的大小决定株距

几株种在一起时,为了确保足够的通风、日照,以及根系的伸展空间,要在各幼苗之间保留充分的距离。该距离称为"株距",指的是各植株中心之间的距离。

种在花圃或庭园里的植株有些到了花期会突然长大很多,所以株距至少要保留15厘米以上。较矮的一年生草本植物要保留15~25厘米,宿根植物或大型一年生草本植物则需保留30~40厘米。

如果想用盆栽种密一点的话,也不要让叶子相互触碰。三色堇等较矮的草花要保留10~15厘米的距离。

盆栽也可以像地植那样保留较宽的株距。虽然一开始会显得零落孤单,但最盛期会很大很茂密,直到最后都能欣赏到令人赞叹的美丽花朵。

1盆1株,栽种时就移到比育苗盆大一点的花盆中。

用花盆种植三色堇时种几株才是适当的呢

如果要用花盆种植的话,密一点看起来会比较茂盛,花也会开得像要满出来似的,非常华丽。适当的密度大约是5号盆(直径15厘米)种1株、7号盆(直径21厘米)种3株、10号盆(直径30厘米)种5株。

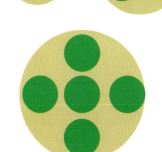

选择幼苗的方法2

由于幼苗是分批次生产出来的,因此到店里购买时请选择刚好适合定植的幼苗,不要购入太小或长过头的幼苗。

■ 土壤会影响植物的生长及开花状况

定植的土壤对植物的生长发育有着极大的影响。园艺上不会只用单纯的土壤，而会使用混入腐叶土等改良后的"培养土"来种植。请参照第128页的说明，先备妥适合该植物的优质培养土。如果是地植的话，请在定植的一周前先把土翻好（第133页）。

■ 处理时不要弄伤纤细的根

定植时请注意，千万不能把根弄伤。根如果受伤了，植物会受到很大的损害，需要很长的时间才能恢复，所以请尽量不要把根弄断或弄伤了。

不过，从育苗盆里取出植株时，根如果交缠得太厉害，将来会不容易攀附土壤，应先松开再定植。盘绕的根也应在松开前剪掉太长的部分。如果不松开，而是沿着盆边弄断的话，很可能会把不必要的地方也弄伤了，要避免这样做。另外，细根如果变硬的话，新的根会不容易向外伸展，要用细棒小心地拆开。

放入幼苗后，应不留空隙地填入土壤。土壤中如果有大的空隙，根就会无法伸展。土表如果凹凸不平，水和肥料的渗透会不平均。所以要确认把土壤推入根与根的间隙内，表面也要尽量铺平。

取下育苗盆的方法

绝不能用拉叶子或茎的方法从盆中取出育苗。注意不要弄伤植株。

①左手的手指跨过植株两端，挡住一部分土壤并把盆子翻过来，右手轻揉盆子的底部几次。

②轻轻把盆子拉出来。

根盆的处理方法

从盆中取出植株时，根和土壤结成一整块的这个部分称为"根盆"。根缠绕得太密会不利于幼苗攀附土壤，要先松开后再定植。处理方法会因幼苗的状态而异，请注意。

根的缠绕状态适中

（香堇菜）

▼

直接定植

不必把根盆拆开，直接定植。

细根变硬了

（北极菊）

▼

小心地拆开

细根变硬，新根会很难延伸到根盆外头，要小心拆开。

长长的根绕了好圈

（银叶情人菊）

▼

先把根拆开再剪掉

先用细棒小心拆开根盆，不要把根弄断，再把太长的部分剪掉。

定植至花盆中

花盆有很多形状，但定植的方法都一样。

盆子、摆式花器、挂式花器等培育植物的容器统称为『花盆』。

要准备的东西

幼苗（香堇菜5株）、花盆（10号盆）、盆底网、颗粒土（大粒赤玉土）、培养土、基肥（缓释性化学肥料，每升培养土加3克）

1 在花盆底部铺盆底网遮住排水用的孔，放入颗粒土优化排水性及透气性。

2 以保留水口的高度加入培养土。加入基肥混合。

3 连盆子一起置入幼苗，确认配置和水口。

4 从育苗盆中取出幼苗，摘除枯叶及较底层的叶子。如果需要把根松开，就小心地作业（见第30页）。

确保水口

为避免浇入的水溢出来，填土时只填到距离花盆上缘2厘米的高度，这个为积水保留的空间就称为水口。

水空间

2厘米

5 把幼苗放进花盆里排好，填入培养土。用竹筷等细棒子辅助填土，确定没留空隙。把花盆提起来往地面上敲震几下。抚平表面。

6 洒上一小撮基肥。在避开花、叶的位置浇水，直到水从底部流出来。

要点

不留空隙地填实土壤

常看到就算已填入土壤，但各植株的根与根之间还是留有很多空隙的情况。没有土壤根就会无法顺利伸展，请借助小棒，填实土壤。

第二章 基本作业一 定植

定植至花圃中

第二章 基本作业一 定植

植株一旦种下去就不好更动了，所以要选择适合该植物性质的场所，或配合环境选择植物（见第100页）。此外也要顾及日后的生长保留足够的株间距。

1 先不要从盆中取出幼苗，幼苗连盆直接排列观察，决定配置方案。

2 摘除花下枯萎的下层叶片。

3 从中央或最里面开始往外种植。从盆中取出幼苗，有必要时就拆开根盆（见第30页）。

4 挖一个和苗的根盆差不多深的洞，把苗放进去，调整成和地面一样的高度种好。

5 种好之后，就把花圃的土平推到植株的基部并按压一下，使植株固定。

6 所有的植株都固定好之后，就把土壤全面抚平。

7 用加了散水器的水管浇水至浸透土壤15厘米深为止，要从高一点的地方全面性地浇。

要点

洞的底部要尽量平坦一点

尤其是定植体积较大的幼苗时，洞的底部一定要尽量平坦，这样幼苗才能种得直挺稳定。

常见草花幼苗的定植适期

每一种草花的幼苗都有不同的定植适期。这里列出几种常见草花幼苗的定植适期及开花期供读者参考。

植物名称（科名）	种类	植株长度		1月	2月	3月	4月	5月	6月	7月	8月	9月	10月	11月	12月
瓜叶菊（菊科）	一年生草本	20～50厘米	定植适期									●	●	●	●
			开花期	●	●	●	●							●	●
紫罗兰（油菜科）	一年生草本	15～80厘米	定植适期									●	●	●	
			开花期			●	●	●							
报春花（樱草科）	一年生草本	10～40厘米	定植适期		●	●									
			开花期	●	●	●	●								●
雏菊（菊科）	一年生草本	10～15厘米	定植适期			●	●								●
			开花期			●	●	●							●
三色堇、香堇菜（堇菜科）	一年生草本	5～20厘米	定植适期			●	●	●							
			开花期			●	●	●	●						
金盏花（菊科）	一年生草本	5～10厘米	定植适期			●	●								
			开花期			●	●	●							
菊花（菊科）	一年生草本	15～20厘米	定植适期			●	●	●							●
			开花期			●	●								●
天竺葵（牻牛儿苗科）	宿根植物	20～100厘米	定植适期				●	●					●		
			开花期				●	●	●	●	●	●			
万寿菊（菊科）	一年生草本	15～90厘米	定植适期				●	●	●						
			开花期				●	●	●	●	●	●	●		
日本风铃草（桔梗科）	二年生草本/宿根植物	5～200厘米	定植适期			●	●					●			
			开花期				●	●	●						
翠蝶花（桔梗科）	一年生草本	10～25厘米	定植适期				●	●							
			开花期				●	●	●	●					
麝香豌豆（豆科）	一年生草本	50～100厘米	定植适期			●	●								
			开花期				●	●	●						
非洲菊（菊科）	宿根植物	30～45厘米	定植适期				●	●				●			
			开花期				●	●	●	●	●	●	●		
矮牵牛花（茄科）	一年生草本	20～30厘米	定植适期				●	●							
			开花期				●	●	●	●	●	●	●		
马鞭草（马鞭草科）	一年生草本	20～100厘米	定植适期				●	●							
			开花期					●	●	●	●	●	●		
紫色鹅河菊（菊科）	宿根植物	15～45厘米	定植适期			●	●	●							
			开花期				●	●	●						
非洲凤仙花（凤仙花科）	一年生草本	20～60厘米	定植适期				●	●	●						
			开花期					●	●	●	●	●	●		
日日春（夹竹桃科）	一年生草本	20～60厘米	定植适期					●	●						
			开花期					●	●	●	●	●	●	●	
海石竹（蓝雪科）	宿根植物	40～80厘米	定植适期			●	●	●							
			开花期				●	●							
鼠尾草（唇形科）	一年生草本	30～200厘米	定植适期				●	●	●						
			开花期					●	●	●	●	●	●	●	
马齿苋（马齿苋科）	宿根植物	10～70厘米	定植适期				●	●	●						
			开花期					●	●	●	●	●			
松叶牡丹（马齿苋科）	一年生草本	10～15厘米	定植适期					●	●						
			开花期						●	●	●				
鸡冠花（苋科）	一年生草本	10～90厘米	定植适期					●	●						
			开花期						●	●	●	●	●	●	
向日葵（菊科）	一年生草本	40～200厘米	定植适期					●	●						
			开花期						●	●	●	●			
大波斯菊（菊科）	一年生草本	40～200厘米	定植适期					●	●	●					
			开花期						●	●	●	●	●		
牵牛花（旋花科）	一年生草本	20～500厘米	定植适期					●	●						
			开花期							●	●	●	●		
长寿花（景天科）	宿根植物	10～20厘米	定植适期					●	●	●					
			开花期	●	●	●	●							●	●
圣诞玫瑰（毛茛科）	宿根植物	20～60厘米	定植适期									●	●		
			开花期	●	●	●	●								●

第二章　基本作业一　定植

第二章 基本作业一 定植

球根的定植

球根植物的花都很特别而且华丽，很适合当花盆或花圃中的主角。只要不缺水就可以了，球根植物算是很好种的植物，这也是它的魅力之一。

怕热的秋植球根和怕冷的春植球根

球根有秋植球根和春植球根两大种类。

秋植球根多原产于欧洲及地中海沿岸等的温带、亚寒带地区，因为怕热的关系，必须等到秋天最高气温低于20℃时才能开始定植。接着，在冬季面对寒冷，并从休眠中苏醒过来，并在来年春天开出美丽的花。

春植球根多产于热带及亚热带地区，特征是怕冷。它可在日渐暖和的春天开始定植，从初夏到夏天都可以欣赏到美丽的花。花谢后，在严冬来临之前要将它挖起来。

球根的选择事关能否开出漂亮的花

球根就是植物让茎部或根部胀大以便储存养分的地方。由于球根本身就存有养分，所以它栽培起来也比较简单。只要把状态良好的球根在适当的时机定植，就算不特别照顾也会开出美丽的花。

因此重点在于球根的选择。要选择球根饱满者，这样它所含养分能供给植株到开花为止。

购买时可以看到各种不同形状及大小的球根，相互比较，选择较重且较丰腴者。受伤、变形或发霉的都要避免。球根上的花色薄皮可以剥掉，如郁金香等。

秋植的球根大约在8月下旬起就会排列在店门口。早点去买就可以选到品质较佳的球根。

不好的球根

不好的球根其实很容易辨认，如发霉、受伤、变形或空隙很多、重量太轻等，只要和其他球根比较就可以一目了然。上方的照片是变形、变色的郁金香球根。下方的照片则是水仙的优质球根（左）与劣质球根（右）。右边的太干燥，而且空隙很多。

各式各样的球根

球根有很多不同的大小和形状。开出来的花也各具风格。和种子不同，球根如果上下颠倒就可能会不发芽，所以定植时要特别注意。

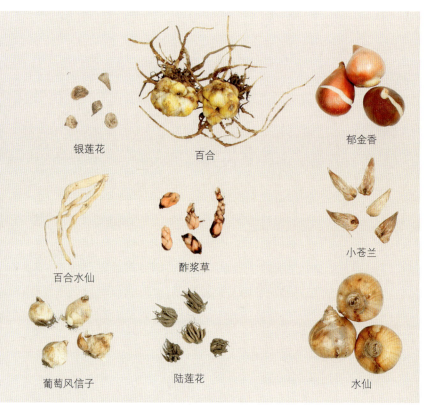

银莲花　百合　郁金香

百合水仙　酢浆草　小苍兰

葡萄风信子　陆莲花　水仙

■ 地植与盆栽的埋入深度不同

定植球根时要注意深度及方向（见第36页）。

如果是在花圃或庭园中地植，就种在大约3个球根的深度。如果是土量有限的盆栽，就要让根系有足够的发展空间，宜作浅植，让球根的头部刚好埋起来即可。

各球根间隔基本上是2个球根大小，盆栽的话种密一点看起来会比较茂盛，最密可以间隔半个球根。

如上所述，盆栽和地植的定植方法差很多。球根浅植会比较容易分球，但每个球都不容易饱满，隔年要开花也比较困难。另外，虽说会因种类而异，但盆栽的球根植物基本上可以视为一年生草本来种植。

■ 土表一干燥就浇入充分的水

定植之后请不要忘记浇水。尤其是发芽前，很容易就会忘记，务必留意。此外，冒芽之后如果持续干燥，就算枝叶茂盛也可能会长不出荷蕾，所以就算是地植也要注意，表土一干就要浇水。

5号盆可以种几个

在5号盆（直径15厘米）中种植球根，基本以一个球根的间隙来安排种植个数。如果希望多开一点花，种密一点也没关系。

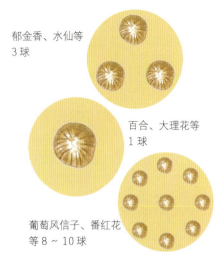

郁金香、水仙等 3球

百合、大理花等 1球

葡萄风信子、番红花等 8～10球

定植深度

定植深度基本上会随着球根的大小而异，球根愈大就要种得愈深。百合会在球根的上方长出吸收养分的根，所以要种得更深。

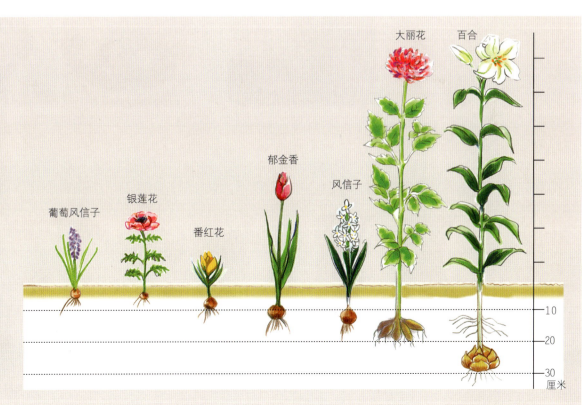

各种定植方法

第二章 基本作业一 定植

球根依形状及性质不同，种植的方法也不一样。但若球根方向种错，芽可能会长不出来，这点务必记住。

尖的那一侧朝上

形状像洋葱的鳞茎或球茎类球根，定植时要使尖的那一侧朝上。

葡萄风信子

小苍兰

郁金香

细长的球根

根部胀大的块根型球根要使合成一束的部分朝上。下述的陆莲花也属此类。同为块根的大理花通常会被切开成一根根来贩卖，此时应使切口朝上。

百合水仙

埋入深处

对于像百合等在球根的上方也会长出根的类型，就必须种在深一点的土里。如果是盆栽，就要准备深一点的花盆，然后种在花盆高度的一半。如果是地植，就挖深20～30厘米的洞，并将之埋入。定植时请将已长出的根朝下放置。

百合

先浸泡再种植

银莲花和陆莲花等干燥的球根如果直接种的话，很可能会腐烂，应先浸泡一晚让球根吸水之后再定植。不过有些品种要埋在湿润的蛭石或水苔里慢慢吸水比较好，购买球根时请先详阅说明书确认。

陆莲花要使合成一束的那一端朝上，银莲花则是使平的那一侧朝上。

吸水前（上）与吸水后（下）。变成胀胀的就好了。

陆莲花
银莲花

先放在水里浸泡一天一夜。

定植至花盆中

这里将介绍大小不同的水仙及葡萄风信子的定植，以确保根有足够的伸展空间。种体积较大的球根时，要准备深一点的花盆，以确保根有足够的伸展空间。注意深度和方向。

要准备的东西

幼苗（水仙3球、葡萄风信子9球） 花盆（10号盆） 盆底网 颗粒土（赤玉土大粒） 培养土 基肥（缓释性化学肥料，每升培养土加3克）

1 在花盆底部铺盆底网遮住排水用的孔，放入颗粒土优化排水性及透气性。

2 填入培养土至花盆高度的一半，加入基肥混合。再从上方加入培养土至2/3的高度。

3 把水仙的球根尖端朝上摆好，盖上刚好能覆盖住球根的培养土。

4 放入葡萄风信子的球根，同样是尖端朝上。不要和水仙的球根重叠。

5 盖上刚好能覆盖葡萄风信子球根的培养土。培养土忽然从上面倒下去的话，球根很可能会倾倒，所以请小心地盖上。

6 洒上一小撮基肥，与表面土混合。

7 浇入充足的水，直到水从盆底流出来为止。

要点

摆上名片

如果有好几个花盆都只种了球根，在发芽之前很容易会搞混到底哪一盆种了什么。为了避免忘记浇水，可在盆边竖立名片。也可以和幼苗一起种，作为浇水时机的参考。

定植在庭园或花圃中

第二章 基本作业一 定植

如果能在一开始就选好种植地，植株只要种下去就好了，不必费心照顾也会每年开花。地植的话，株间距要拉宽一点。这里我们要介绍的是郁金香球根的种植。

1 挖洞的深度大约是3个球根高度。用挖洞的移植铲和球根并排对比，确认挖掘深度。

2 以间隔2个球根大小以上的距离挖洞。

3 每个洞放入1个球根。

4 都放好了之后，就用刚才挖到周围的土回埋起来。

5 全面抚平并插上名片。最后浇入大量的水。

要点

深度是3个球根 间隔是2个球根

地植时，不论是什么球根，间隔与深度的安排基本上都一样。深度是要定植的球根高度的3倍，间隔则是其2倍。

如何测量深度

先在竹筷上做记号，然后插入土中确认深度。

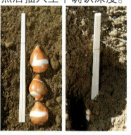

如果土已经被翻得很松软了，可不必挖洞，直接用手拿着球根种进去。用指尖直立地拿着球根，先确认3倍深度是到哪里（本例是到手腕），然后把球根压进土里。重点是每次的拿法都要一样。

常见球根花的定植适期

球根植物开花后，有的可以种在土里好几年都不必处理，有的则最好每年都挖起来。

植物名称（科名）	挖起时机	植株长度	定植适期	开花期
银莲花（毛茛科）	每年6月	5～40厘米	10～11月	3～5月
郁金香（百合科）	每年6月	20～70厘米	10～11月	3～5月
葡萄风信子（百合科）	每年6月	10～20厘米	10～11月	3～5月
陆莲花（毛茛科）	每年7月	20～50厘米	10～11月	4～5月
铃兰水仙（石蒜科）	数年1次6月	30～40厘米	10～11月	3～5月
鸢尾花（鸢尾科）	每年6月	5～150厘米	2～3月、10～11月	3～6月
百合（百合科）	每3～4年1次8月	30～180厘米	10～11月	4～7月
孤挺花（石蒜科）	每年10月	30～60厘米	3～4月	4～6月
海芋（天南星科）	每4～5年1次10月	30～100厘米	3～4月	4～7月
大丽花（菊科）	数年1次11月	30～200厘米	3～5月	6～10月
剑兰（鸢尾科）	每年11月	45～100厘米	3～5月	6～10月
火炎花（百合科）	每年10月	100～150厘米	4～5月	7～9月
酢酱草（酢酱草科）	每2～3年1次6月·11月	10～30厘米	8月	3～6月、9～11月
水仙（石蒜科）	每3～4年1次6月	12～50厘米	10月	3～5月、12月
雪莲花（石蒜科）	每2～3年1次5月	10～15厘米	9～10月	2～4月
番红花（鸢尾科）	每年6月	5～15厘米	9～10月	2～4月
风信子（百合科）	每年5月	20～30厘米	10～11月	3～4月
小苍兰（鸢尾科）	每年5月	30～60厘米	9～11月	3～5月

※ 🛠 为挖起时机

开花后的球根管理

如果是地植时的话，有不少种类即使种着不管，隔年也会开花。但是如果希望花开得更漂亮，就必须在花谢之后施肥（见第106页）让球根变大，并尽早摘除花柄以免生出种子。在花谢后到叶子枯萎之前仍需仔细照看。需要挖起来的球根（参照上表）就在叶子掉光时挖起来，并保存在不会淋到雨的日阴通风处，直到下次的定植适期来到时再次种植。

庭木的定植

树木定植的适期和方法会依苗木种类的不同而异。首先考虑种植场所的环境等，再选择符合用途及喜好的苗木。接下来要知道合适的管理方法并运用之，这样才能慢慢欣赏它的生长过程。

▎定植合宜就能慢慢欣赏庭木之美

定植适期因树木的不同而异。选择该种树木较能承受环境变化的时期定植，苗木就会适应周围的土壤，并在进入生长期之前，确实扎好根基。如此一来，树木就会顺利生长，之后的管理也会比较简单轻松。

基本上，落叶树都是在叶子掉落并进入休眠的11月至来年3月间进行定植。常绿树由于不耐寒的关系，以冒出新芽后的5～6月间或9～10月间最适合定植。夏季的暑气对植株也有威胁性，若没非要不可定植、移植等最好避免在夏季进行。

松柏等针叶树，不论是落叶性还是常绿性，都适合在寒冷的时期定植，但也有比较适合在温暖季节定植的种类。

▎定植的场所要配合苗木的性质

苗木的定植场所一定要经过充分考虑后再作决定，因为树木生长之后根就会扎稳，要换位置也会变得困难。就算可以移植，有些作业也会造成根的负担，使植株大伤元气。因此场所的选择一定要慎重。

选择定植场所有两个重点。其一是必须配合树木的性质选择环境。需要日照吗？在日阴处也会健康成长吗？适合的土壤干湿度如何？等等一些问题，都要先行确认。

另一个重点是必须先知道苗木会长到多大，以及会变成什么形状。常看到把小小的苗木种在精致的小区块，后来却长得太大而不知所措的案例；为了当隔墙或求遮阳效果而种的苗木却无法如预料中长大的情形也并不少见。

请先详细考虑以上几点，再选择一个适当的定植场所。

如何选择定植场所

请先确实了解树木的性质，再选择适合该树种的场所进行栽种。

庭木种下之后根就会在土中扎稳，之后要移植并不容易，所以

- 西侧的常绿树可以帮助抵挡西晒。
- 屋檐下很容易干燥，应栽种不怕干燥的树种。
- 日照不佳的场所就要种植适合在日阴处生长的树种。
- 庭院主树如果要种在南侧的话，就要挑选喜爱日照的树种。
- 容易积水的洼地要栽种喜欢潮湿的树种。
- 大树的阴影下日照较差，适合栽种喜欢半日阴的树种。
- 与邻家的边界要种宽度较窄且落叶较少的树种。

幼苗强壮根就会扎得很稳固

苗木可以向园艺店、居家用品店购买，也可以利用邮购的方式取得。请从值得信赖的商店购入生长发育状态良好且正处于定植适期的苗木。

苗木主要可以分为三大类型：种在塑料盆内并已生长一段期间的"盆植苗"、根盆用麻布或稻草包起来的"包根苗"和根部裸露出来的"裸苗"。不论是哪一种苗木，选购时最重要的都是根。细根愈多，愈能吸收水分和养分，定植后的生长状态和果实的收获量（如果是果树的话）也愈佳。

购买看不到根的盆植苗和包根苗时，要观察它的根基和枝条的状态。首先要看主干、枝条和叶子等有没有病虫害，以及是否有类似的痕迹。如果根基附近可以看得到细根的话，就可以判断它在地底下也有很多细根。

芽和叶子的间隔狭窄且叶子数量颇丰就是光合作用活跃的证据。今后的生长应可期待。植株的高度不必太在意，但要避免太过纤细的枝干，宜选择既粗且硬的苗木。

如果很在意花和叶子的颜色、形状，就要在确认品种之外，也亲眼看一下开花、结果的实况再行选购，这样比较安心。

苗木是指还很幼小，尚未发育至本该到达之高度的树木。例如如果成木可以长到 10 米以上，那么即使现在树高已有 5 米，它也还算是苗木。有时我们也会拿成木来定植，但搬运和处理都会比较困难。

如何选择苗木

取得优质苗木是让庭木健康成长的第一个重点。苗木买回来之后要尽可能马上定植。

苗木的种类

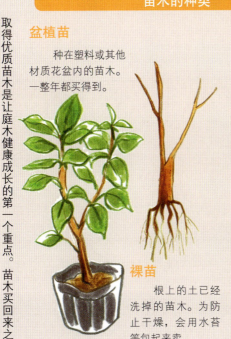

盆植苗
种在塑料或其他材质花盆内的苗木。一整年都买得到。

裸苗
根上的土已经洗掉的苗木。为防止干燥，会用水苔等包起来卖。

包根苗
根盆用麻布或稻草包起来的苗木，可以直接种植。

如何选择优质的苗木

- 根与枝干的平衡性佳，粗度及硬度都足够。
- 叶子色泽漂亮且生长茂密。
- 枝条较粗且枝条间的间隔较窄。
- 如果是嫁接苗的话，要挑接口状况良好的。
- 根的连接很稳固，没有摇晃。
- 没有病虫害的痕迹。
- 土的部分没有长苔或草。

定植苗木的洞要挖得宽一点

栽种苗木的洞穴宽度要比根的大小大一圈。根是往四周生长的，因而窄而深的洞还不如宽一点的洞来得适合。把挖出来的土和腐叶土堆在洞底，种的时候就会比较容易修正苗木的倾斜与面向。

尽快定植不要让根干掉

苗木购入后要尽快定植以免根部干燥。把挖洞时取出的土壤的一部分与腐叶土混合后放在洞穴的底部。排水不佳的土壤应增加腐叶土的比例。

接着把苗木放进洞里。如果是包根苗，绳子和麻布不用拆掉也没关系。此时应确认根盆上部与洞的边缘是否同高。太高或太低时就用洞穴底部的土来调节。高度确定之后，就把剩下的土埋在周围。定植之后绝对要视苗木大小浇下1~2桶的水。

排水是否良好也很重要。原本就很潮湿的土壤可以不必挖洞，直接把苗木放在地上，然后再把土堆上去就行了。硬的土壤很容易蓄积雨水，这样洞里的氧气就会变得不足，所以也是堆在地面上比较好。至于倾斜地，就要挖阶梯状的洞，然后把定植的表面弄平，这样土壤才不会崩落。

裸苗的种法和包根苗一样。裸苗的根上没有包覆土壤，所以会干得很快，这点要引起注意。对于用塑料袋等缠起来的嫁接苗，要先把塑料袋拆掉再种。可能的话，可先在树干的上侧1/3~2/3处切断，这样切口的下端会很容易长出新芽，植株也会生长得更快。

盆植苗要把盆子拿掉，周围的土也要先弄掉一圈后再定植。把土弄掉时虽然多少会伤到根，但新的根会更容易长出来。如果有腐烂的根就切掉，粗的根也切掉末端让细根长出来，这样吸收养分会更顺利。但要注意不要弄掉太多土。

正确的挖洞方法

想好定植的场所之后，就要准备挖洞了。洞的大小是看苗木根盆的大小来决定。要注意洞的深度。

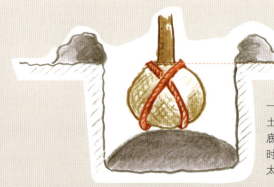

用铁锹挖一个圆圆的洞。挖的过程中如果有挖到根、枝、小石块等，都要把它们拿掉。

洞的大小必须比根盆大一圈。先把一部分挖出来的土和腐叶土混合后放回洞穴底部，再把苗木摆上去。此时要注意苗木的位置，不要太低。

捆绑部分的上部与地面同高。

太深。枝干和叶子也都埋进去了。

定植在庭园里

盆植苗要先从盆中取出再定植，裸苗或包根苗可以直接定植。
本例是以斑叶齿叶桂花的包根苗为例介绍基本的定植方法。

要准备的东西

苗木（包根苗） 腐叶土或堆肥 缓释性化学肥料

1 把苗木的根盆部分浸水约1小时，让苗木吸收水分。

2 把挖起来的土壤的1/5～1/3加入等量的腐叶土和一把肥料放入洞穴中混合。

3 把步骤2中放回的土壤在洞底堆成山形，摆上苗木。确认苗木的高度及位置是否正确。

4 决定好苗木的高度之后，就把剩下的土壤堆在周围。

5 埋好洞穴后，踩踏苗木根基处的土壤，使其紧实。

6 用土在洞的周围围出圆形的土堤当成水盆。

7 用水桶或水管在土做的水盆内注满水。

8 定植完毕。水盆就这样放着不管，几周后泥土干了就再次注入大量的水。

用支架固定苗木

刚定植的苗木要用支架固定，以防树干因为不敌风雨而摇晃或倒下。树干摇晃的话，根就会不容易攀附土壤，新根也会长不出来。

支架可用杉木的圆木料或竹子来做。架支架时以不妨碍景观为前提，方法有两种：会长得很高的苗木要从三个方向支撑；一般抵挡风力的话，用一根支撑就好了。另外也常看到把支架直立靠在树干旁支撑的做法。

插支架的时候要注意不要伤到根，最好趁苗木还小的时候插。

定植后的浇水请视状态调整

定植后应立即浇入大量的水，然后视土壤干否，在1周到1个月间再浇入等量的水。大根1年左右都是看状况浇水，只要土壤干了就浇。定植作业多少都会伤到根部，如果每天浇水的话，根很可能会腐烂。地植的苗木在根攀附土壤之后就可以自行吸收水分，之后几乎都不必再浇水。

以盆栽的方式欣赏花木和果树

也可以试着利用花盆或容器轻松种树。花木就不用说了，连柠檬、葡萄等各式各样的果树也能轻松盆栽。

如果用容器栽培，就可以利用容器的大小来控制树木的发育，可以让它长得很大，也可以让它保持精致的模样。容器的摆放位置都可以随意移动，所以不必担心酷暑、严寒，或是风霜等的问题，很好管理。这也是盆栽种植的一大优点。如果是种在室内的话，那么连寒带地区也可以种热带的果树了。

与地植不同，容器栽培必须要定期浇水。土表一干，就要浇入大量的水。而且最好1～2年就改植一次。

支架的种类

1.5米以上的大型苗木、根量太少的苗木、裸苗、果树都必须要用到支架。应配合苗木的种类及大小竖立支架。

并立支撑 适用于较窄的空间或较小的苗木。

单向支撑 适用于根系健全，支架无法插入根部，或树干较粗时。

三向支撑 适用于苗木较高时。

定植在容器中

这里介绍的是定植光蜡树包根苗的例子。如果希望树长得大一点，就把它定植在大的盆子里。用容器栽培时，容器的大小就可以决定树的大小。

要准备的东西

苗木　容器　培养土　颗粒土　缓释性化学肥料

1 从盆中取出苗木。用手抓着盆底，从外侧轻捏土壤便可轻松取出苗木。

2 用棒子或竹筷等一点一点地拆开根盆，注意不要把根弄断。

3 在盆底放入颗粒土。上面再放培养土和缓释性肥料，轻轻地混合。

4 把苗木放在中央，把剩下的土填在周围。

5 用棒子戳泥土，把泥土塞入根与根之间。

6 最后浇入大量的水。此时土壤还很松软，浇水时应把手靠在浇花壶的出水口边以缓和出水。

要点

庭木用容器栽培须定期改植

在盆器中健康成长的树木过了1~2年之后，根就会占满整个盆器。如果希望树木长得更大些，就要换一个大一圈的盆器；如果要树木保持原来的大小，可把根剪短取得与上部枝干间的平衡，然后再改植。

第二章　基本作业一　定植

此时该怎么办呢
园艺作业的问与答 ①

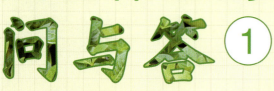

问

矮牵牛花的花很少，枝条也垂弱无力，而且长得很慢。

我之前看到附近的庭园里有种矮牵牛花，觉得很漂亮，于是今年也买了幼苗回来，并试着种在花盆里。但是我的花数量很少，枝条也垂弱无力，而且生长龟速。我之前看到的是一盆就长了多到数不清的花，而且生气蓬勃、枝繁叶茂的……

答

想让矮牵牛花的花数增加，就绝对少不了摘心（见第110页）和修剪（见第74页）的作业。矮牵牛花到开花为止可以做好几次修剪，修剪的次数愈多，枝条的数量就会愈多，看起来非常茂密，花的数量也会随着枝条的数量一起增加。

如果买的是种在5号盆里的苗，就把2~3盆合植在一起。苗一买回来就立刻摘心，之后再做1~2次修剪，它就会长得很漂亮。有些人会修剪5~10次，看起来更华丽。

问

金露花不开花了。

两年前买的金露花苗去年改植之后有长大，但自此之后就不再开花了。虽然叶子还是很绿很健康……

问

三色堇、香堇菜的开花状态不佳，叶子也枯黄了。

我在去年11月下旬把苗木买回来定植，结果花的数量愈来愈少，现在是1月，几乎已经看不到花了。难得开花的枝条也没再长长，叶子则是下侧都变黄枯萎了。

答

应该是日照不足、肥料不足造成的。三色堇、香堇菜喜欢日照及通风良好的地方，如果是盆栽的话，请尽量移到日照充足的位置。

有施肥吗？市售的苗木都是有施肥的，但1个月左右就被吸收完了，必须要再补充。液态肥料要用规定的量或更多的水稀释，每周1次代替浇水淋在土壤上。另外，日光及肥料不足时，叶子也会枯黄，而枯黄也会成为生病的原因，请摘除病叶。

还有，土中太过干燥导致的开花状况不佳，以及浇水过度造成的根部腐烂，也都会让植株的发育变差。

答

金露花在春天到秋天之间会长得很健康、很茂盛，但在盆内的根生长到一定规模之前它是不会开花的。你的情况有可能是改植后的花盆太大了所引起的。不要紧，只要根部继续生长至必要的规模，它就可能会再次开花。

如果不是这个原因，就可能是因为肥料过剩或短缺，或是日照不佳引起的。

金露花如果种在户外的话是会落叶。但它本来是常绿的，栽种时只要摆在室内，可尽量不让它落叶。

第三章

基本作业二
繁殖

播种

希望能开出更多花或是想要更多幼苗时，用种子播种是最经济的方法。从种子开始培育，然后开出美丽的花，最后结下果实，过程中的感动必然会更加深刻。

■ 从种子开始栽培的乐趣及优点

随着园艺店里陈列起来各式各样的幼苗，从种子开始栽培的人就愈来愈少了。但发育期较短的叶菜类一般还是会从种子开始种。此外，不易取得幼苗的珍稀品种也一定要从种子开始栽培。还有，如果想要很多幼苗的话，从种子开始种会比较便宜。

其中最棒的就是能够慢慢玩味种子的发芽过程并欣赏到可爱的双叶，这是从种子开始栽培才能享受得到的乐趣。因为自己的悉心照顾而让种子开花结果，其中的喜悦肯定是更深一层的。

■ 最理想的状况是到了播种时机再去买新的种子

如果要从种子开始栽培的话，首先要注意的就是播种时机。播种的最适温度基本上是 15～25℃。怕冷的种类要在春天播种，然后在温暖的季节里欣赏植株开花结果的过程。怕热的种类则是在秋天播种，并在冬季前定植，然后在严冬中欣赏美丽的花朵或享用美味的蔬菜。

一般而言，各植物间的发芽适温还是有些差异，所以一定要先详阅种子袋上的说明作确认。

还有，种子是有寿命的（见第55页），旧的种子发芽概率会下降很多。理想的做法是在该季节之初买回新的种子。

■ 最近的种子以一代交配种为多

近年来常看到标注了"F1＝一代交配种"的种子。F1 就是不同性质母本系统杂交产出的第一代子代，抗病性强，发育也快，集双亲的优点于一身，总之就是可以轻易培育出健康植株的品种。但第二代子代却无法发挥

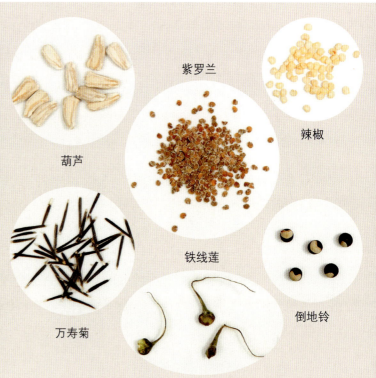

各式各样的种子

植物的种子形形色色，性质也各不相同。这里介绍几种不同形状的种子，但这只是冰山一角而已。种子的种类还有很多。图中所示为体积较大且播种容易的葫芦、小粒的紫罗兰、扁平状的辣椒、细长的万寿菊、圆勺子形的铁线莲，还有可以看见心形花纹的倒地铃。

葫芦　紫罗兰　辣椒　铁线莲　倒地铃　万寿菊

第三章　基本作业二　繁殖

这些特征，形状与性质兼具的优势会消失。

因此，就算从F1种子培育出来的植株上再采取种子，也种不出拥有相同形状及性质的植株。要培育具有相同形状及性质的植物，就必须要再买种子，或是利用插芽、分株等方式繁殖。

种子中也有代代维持相同外观的"固定种"。这样的品种就可以享受每年取种、播种的乐趣。

市面上愈来愈多做过易播种处理的种子

最近市面上贩卖的种子有愈来愈多都已经做过处理，变得很容易播种了。

有些种子是因为体积太小或变形的关系导致不容易播种。这类种子经易操作处理后称为"造粒种子"，就是用黏土或硅藻土等包覆成相同的大小和形状。处理后的种子不但能一颗一颗正确地放在想播种的位置上，而且有染成白色、黄色等的颜色，所以即使在土中也能看得很清楚，因此能确认播种的位置，有令人放心的优点。另外依相同方法处理并涂上杀菌剂或催芽剂的通称为"披衣种子"。

已做好易发芽处理的种子的包装袋上会标示出"催芽处理完成"字样，也就是在种子上弄一个小伤口并用水浸透，常见于像牵牛花种子那样覆盖了一层坚硬外壳的种子。一般而言，未处理过的这类种子必须经过浸泡一个晚上补充水分或划伤种子等的手续后才能播种，但做过此处理的种子就可以直接播种了。最近做过催芽处理的蔬菜类种子愈来愈容易买到了。

造粒种子、披衣种子

下图为利用黏土或硅藻土把体积很小或形状歪曲的种子做成圆形的造粒种子，以及涂了杀菌剂或催芽剂的披衣种子。当种子太过微细时，也可能会一粒中包含数颗种子。包覆在外的东西可被水分溶解，所以播种后一定要浇入大量的水。

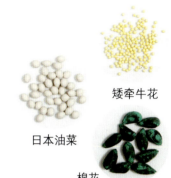

矮牵牛花

日本油菜

棉花

如何选择好的种子

首先最重要的就是选一家环境良好的种子卖场。如果店家把种子摆放在日光直射或湿气较重的场所，就不要在那里买。还有，要避免放置太久的种子，可参看种子袋上的"采种年月"和"有效年月"。

请详阅种子袋上的说明

种植方法及时机

说明适合环境、播种适期、施肥方法等栽种要领。请选择时机及种植场所正好符合的种子。土壤、肥料也要参考这个说明来采购。

特性

介绍此一品种的优点。入门者可以选择"草势强""抗病性佳""适合自家菜园"等看起来很好种的品种。蔬菜的种子则要选择标示了"耐病性""抗病毒病"等已改良为不易患病的种子。

采种年月或有效年月

说明种子的采种年月或有效年月。旧的种子可能会有发芽不良的问题，要避免。

■ 坚硬的种子要做催芽处理促进发芽

种子吸收水分和氧气就会开始活动，但有些种子会通过一些方法来避免立刻发芽，例如含有发芽抑制物质，或包覆一层水分不易通过的种皮。这么做是因为如果种子在自然的状态下裂开，就会在同一个地方一齐发芽，这样很有可能会全数灭亡。

因此有些种子在播种之前最好能先切一个裂口帮助吸收水分或是浸泡一段时间。需要做这种催芽处理的多是坚硬的种子，具代表性的有牵牛花、麝香豌豆、秋葵等。

但是市售的种子也愈来愈多已经做过催芽处理了（见第49页）。种子袋上若有标示"催芽处理完成"，其种子就可以直接播种。

■ 移植栽培法和直播法

为方便发芽之前的管理工作，一般都会把种子播在育苗用的箱子或盆子里，培育后的幼苗再移植到庭园或是花盆里。这种方法称为"移植栽培法"。另外也有直接播种在庭园或花盆等最终要成长的场所的"直播法"。

会采用直播的都是植株会伸出很粗的根进入地底深处，移植时会损伤根部的"直根性"植物。草花类以麝香豌豆等的豆科和花菱草等的罂粟科为代表。蔬菜类则以白萝卜、红萝卜等的根菜类及豆类为代表。此外，播种后一个月左右就能收获的叶菜类一般也会采用直播法。

■ 播种床一定要使用干净的新土

移植栽培首先要准备播种用的"播种床"。容器最好浅一点，像第51页那样的播种专用产品就很方便。也可以在装草莓或鸡蛋的盒子上打孔来用。

播种床的基本要求是干净。用土也一定要准备新的。土壤用市售的播种专用土就行了，也可以用已除去微尘（碎裂成粉状的土）的赤玉土小颗粒、蛭石、泥炭苔、珍珠岩小颗粒、河砂等。

催芽处理的方法

覆盖了一层坚硬种皮的种子（牵牛花、麝香豌豆、美人蕉、羽扇豆、秋葵等）或长了棉毛的种子都要在播种前做催芽处理。

弄出伤口

用刀子划伤或用砂纸磨伤都可以，不过最简单的方法是把种子放在水泥地上磨一磨。种子上有发芽用的胚部分，仔细看就可以看到。不要把颜色较深的那一侧弄伤，把另外一侧轻磨2~3次，使这个部分擦伤即可。

泡水

浸泡4小时至一整晚使种皮变软。浸泡太久种子会腐烂，最长不要超过一天一夜。从水里拿出来之后也要避免再度干燥，应尽快播种。

除去棉毛

铁线莲、朝鲜白头翁、棉花等的种子外侧有一层棉毛。应仔细用手剥除棉毛，并把有棉毛且长得像尾巴的部分轻轻折断。照片中的是铁线莲的种子。要像左边和中间那样折断之后再播种。

适合播种的「播种床」

为方便发芽前的管理，一般都会把种子播在容器里。播种的地方称为播种床。这里要介绍几种适合当播种床的产品。

泥炭苔育苗板

压缩成板状的泥炭苔（见第127页），吸水之后会变成蓬松干净的播种床。特别适用于体积较小的种子。

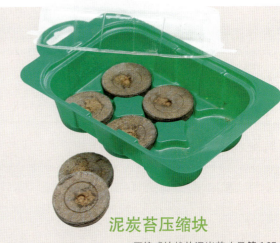

泥炭苔压缩块

压缩成块状的泥炭苔（见第127页），浸泡吸水后就会变得松软。把种子播在中央的孔内，成长后可以直接当成苗来种。

泥炭苔育苗盆

它是用也能当做培养土使用的泥炭苔压制而成的。根可以突破盆子延伸到外面，所以连盆子一起种就好了，不必把苗取出来。也有像穴盘那样连在一起的产品。

穴盘

其内含多个边长或直径3厘米左右的格子。专业育苗者经常使用它，可一次产出大量幼苗。也有格子数较少的一般园艺用穴盘。

育苗软盆

最常被用于育苗的容器就是这种软盆。有各式各样的大小，用于播种的话以直径6厘米左右的最适当。

播种专用土

请不要把种子播在一般的培养土上，一定要用新的播种专用土。排水性佳且细致的土壤较适合播种。初学者只要用标示了播种专用的市售土即可。

第三章 基本作业二 繁殖

■ 大颗的种子要留间隔，小颗的则不必

播种的方法会因种子的体积大小而异。大型种子双叶比较大，播种时必须要保留间隔，可以用手指或棒子戳洞再播种，或是直接用手指把种子压入土中。

细小的种子则要播得密一点。用手指捏着播种没办法撒得很平均，可以把种子放在对折的纸上，然后轻敲纸片让种子一粒一粒掉下来。

■ 覆盖在种子上的土量也会影响发芽

多数种子并不需要光线来帮助发芽，但也有些种子会被光线影响发芽进程。未受光就不发芽的种子称为"好光性种子"，以细小的种子为多。相反地，见到光就不发芽的种子称为"嫌光性种子"。

好光性种子上方的覆土（盖在上面的土）要薄，且必须薄到能看得见种子。造粒种子和披衣种子则不必覆土。

嫌光性种子要盖上比种子直径厚2倍的土。但种太深的话芽会冒不出来，请注意。

■ 小心地浇入大量的水，并避免种子被冲走

覆土之后要浇入大量的水，但冲得太猛种子会流走，请小心。大型种子请用加装了散水器的浇花壶像淋浴那样浇入大量的水（见第136页）。

细小的种子就先把播种床浇好水后再播种，播种之后就用喷雾器喷到确实湿透为止。

好光性种子

草花

藿香、非洲凤仙花、日本风铃草、金鱼草、大岩桐、彩叶草、蓝尾草、洋地黄、西洋楼斗菜、雏菊、洋桔梗、矮牵牛花、报春花类、翠蝶花等。

蔬菜、香草

草莓、菜豆、芜菁、牛蒡、紫苏、茼蒿菜、芹菜、百里香、罗勒、鸭儿芹、生菜类等。

嫌光性种子

草花

麝香豌豆、百日菊、飞燕草、金莲花、日日春、粉蝶花、苋菜、花菱草、松叶牡丹、羽扇豆、勿忘我等。

蔬菜、香草

南瓜、小黄瓜、西瓜、萝卜、番茄、茄子、葱类、青椒等。

播种方法

播种的方法会因为种子大小、形状及覆土量而异。

细小的种子

把种子放在做好褶痕的纸上，用棒子或指尖等轻敲纸张，使种子一颗一颗落下。照片中的是矮牵牛花的造粒种子。矮牵牛花的种子是好光性的，所以请不必覆土，直接浇水就好，并用保鲜膜等盖起来管理（见第56页）。

细长的种子

保留间隔轻轻地把种子放在播种床上。照片中的是万寿菊的种子。播好种子后薄薄地沥上一层土并浇入大量的水。

大型种子

用棒子或指尖在播种床上戳约为种子直径2倍深度的洞，放入种子。照片中的是催芽处理完成的牵牛花种子。也可以用手指把种子压入土中。播好种子后用周围的土覆盖，要盖到完全看不见种子才行。然后浇入大量的水。

播种在泥炭苔育苗板上

这里介绍的是庭院的播种。泥炭苔育苗板适用于大量细小型种子的播种。

1 把泥炭苔育苗板放入托盘内,加入大量的水。水没了就再加,让泥炭苔育苗板充分吸水。

2 把托盘里多余的水倒掉,用棒子或筷子等把泥炭苔板表面弄碎。

3 用厚纸板等压出播种用的沟线。播种需要覆土的小型种子时,沟线大约是深5毫米、间隔1厘米。

4 把纸折成一半,放上种子,用指尖或棒子等轻轻敲纸片,使种子掉落在沟线内。

5 用筷子或镊子等把沟线两侧的土推入沟线中覆盖。

6 用喷雾器洒上大量的水。

1周后 发芽

第三章 基本作业二 繁殖

播种在泥炭苔压缩块上

1 加入大量的水，水没了就再加，让压缩块充分吸水。压缩块变大变松软之后就把托盘内多余的水倒掉。用镊子或细棒等把中央的孔稍微挖大。

2 播种，并把周围的土轻轻推回洞内埋住种子。

3 用喷雾器洒上大量的水。

4 盖上盖子保温保湿。发芽之后幼苗需要氧气，到时候要把盖子拿掉。

这里介绍的泥炭苔压缩块是附有盖子的那种类型，方便发芽前的管理。配合种子大小，每块播种1～3粒。图中为紫罗兰的播种。

播种在穴盘上

1 播种专用土如果有结块就先用手捏散，然后将它倒入穴盘的半边。

2 把专用土边用手掌压入穴盘的每一格中边抚平。然后再次倒上土并抚平。重复3次，把土壤确实填入每个格子里。

3 把种子一粒一粒地放在格子里并用手指压入。

4 利用喷雾器喷水或底面吸水（见第56页）的方法使土壤完全浸透。

穴盘适用于想要一次生产大量幼苗时。这里介绍的是青江菜的播种。

播种在育苗软盆中

育苗软盆适用于把大型种子培育成幼苗。范例为牵牛花的播种。

1 盆底的孔如果很大就要铺盆底网,填入土壤并保留1厘米左右的积水空间(见第31页)。

2 用细棒戳洞。

3 每个洞放入1粒种子,再用周围的土盖起来。

4 用加装了散水器的浇花壶像淋浴那样浇入大量的水(见第136页),如果水都积在土壤表面上,就先暂停,等水被吸下去后才再次浇水。

种子的保存与寿命

种不完的种子请务必保持干燥。可用购买时的种子袋、拉链袋或密闭容器收纳,然后放入5℃左右的蔬果冷藏室中保存。

自行采收的种子发芽后不知道会不会长得和母株一样,也不知道会不会开一样的花。也正因为如此,种起来肯定别有一番期许与趣味。采种的方法有很多,但多数种荚在完全成熟后会自然裂开,所以要在种荚开始变成茶色时就采收。先放入纸袋中避免日光直射,然后挂在通风良好的地方,完全干燥后就和干燥剂一起放进纸袋中,当然也要收在密闭容器内并置于冰箱的蔬果冷藏室中保存。樱桃、葡萄等包覆在果肉中的种子就要把果肉洗干净,保持湿润并尽快播种。

种子也有寿命,遇到湿气寿命就会缩短,请注意,基本上要在2~3年内播种。发芽率会随着时间增长而降低,种子顶多保存5年。

种子的寿命

1~2年	花:蓝尾草、铜钱花、飞燕草、报春花、宿根福禄考等 蔬菜:菜豆、牛蒡、紫苏、葱、韭菜、红萝卜、鸭儿芹等
2~3年	花:藿香、翠菊、庭荠、西洋松虫草、海石竹、马鞭草、三色堇、日日春等 蔬菜:玉蜀黍、高丽菜、白菜、芜菁、白萝卜、十字花科芸薹属的非结球性叶菜类、蒿苣、青椒、毛豆、菜豆、菠菜等
3~4年	花:牵牛花、满天星、鸡冠花、金鱼草、金盏花、波斯菊、彩叶草、百日菊、麝香豌豆、紫罗兰、石竹属植物、千鸟草、金莲花、向日葵、矮牵牛花、凤仙花、松叶牡丹、万寿菊等 蔬菜:茄子、番茄、小黄瓜、南瓜、西瓜等

育苗与移植

种子播种后到发芽前的这段期间要小心看顾苗床（育苗盆），不要让土壤干燥。待种子发芽并长到某种程度后就要移植了。

发芽前要避免干燥

播种后的苗床（播种床）要放在通风良好且明亮的日阴处管理，例如不会淋到雨的屋檐下或阳台等。而且在种子发芽前后一定要注意避免干燥。种子只要冒出了一点点芽儿，就绝对不能干掉，即使只干了一次，它也绝不会再继续生长了。

如果是嫌光性的种子，就要覆土预防干燥与光照。如果是好光性的种子，可用透光的透明塑料袋或保鲜膜盖起来保湿。覆盖也兼具了保温的效果。

冒芽之后就要接受日照并充分浇水

冒芽之后请务必移除覆盖物，并一点一点转移到日照充足的场所进行管理。如果不接受日照的话，苗儿就会像豆芽一样长成细长柔弱的模样。但它也不能突然接受日光直射，必须慢慢习惯。

发芽之后就等土壤干了再浇水，但在根充分伸展之前还是要用喷雾或底面吸水的方式补水，这样才不会伤到幼苗。还有，苗床因为容积比较小的关系，会比一般盆器更快干掉，这点请千万不要忘记。

等根部充分伸展，苗也更加茁壮之后，就可以改用加装了散水器的浇花壶来浇水。务必先让出水变成像淋浴那样的细散状，并充分浇洒。

和已经长大的植株不同，小种子不能等到干掉了才浇水，那样会太迟。应一天确认两次，随时让它保持在湿润的状态。用手指摸一摸土壤，感觉不到湿气时就要浇水，用喷雾器充分喷湿。

有深度的盆子很难用喷雾器充分喷湿，可改用"底面吸水"（也称为"腰水"）的方式补水。在花盆的底盘中盛水，然后把育苗盆放上去，等土壤湿了再将盆移出来。最后再喷上细雾把表面弄湿。

发芽前的管理

种子一旦碰到水进入育苗阶段，在发芽之前它都要避免干燥。这并不难做到，只要勤浇水，加上覆盖物来保持湿润就可以了。

浇水

播种后，只要发现土干了，就用底面吸水法补充水分。然后再用喷雾器把上方全面喷湿。

保持湿润

盖上保鲜膜，表面就不会那么容易干掉。如果是采用育苗盆的话，可如图所示，用半截大可乐瓶将育苗盆装在里面。

■ 子叶相互碰触时要间拔

在同一个位置播好几颗种子时，如果子叶（双叶）张开，叶子与叶子互相碰触，就要间拔，主要是把长得较差的幼苗拔掉。如果准备拔下来的幼苗生长还好，也可以把它移植到另处继续培育。

■ 长出3~4片本叶之后就要移植到花盆里

长出本叶之后，要大约2周1次用稀释过的液体肥料代替水浇洒上。长出3~4片本叶之后，苗床就嫌小了，应把它移植到塑料盆内。

移出的苗用加了缓释性肥料的培养土来种。幼苗挖起来时要注意不能伤到根，连周围的土一起移植。移植后要浇入大量的水，一开始的2~3天先放在明亮的日阴处管理，之后就移到日照良好的地方，培育至长出6~7片本叶为止。然后在根系盘回的时候定植（见第28页）。

间拔

在同一个位置播好几颗种子时，长出幼苗的叶子如果碰在一起就要间拔了。留下看起来比较健康的幼苗，其他的就用镊子等轻轻拔起来。拔起来的幼株也可以移植到别处。

间拔后的幼苗，继续培育到长出3~4片本叶，然后移植到塑料盆里。

移植

本叶长到3~4片后，就要移植到大一圈的花盆里。这里介绍的是庭荠的移植。

要准备的东西

发芽的苗　培养土（含肥料）　塑料盆（3号）　盆底网

1 在塑料盆内放盆底网，填入培养土至六分满。

2 用镊子或筷子连土块一起取起来。

3 把幼苗放进盆子里，边用一只手撑着幼苗边填入培养土。

4 使填入的培养土刚好到双叶的下方，并全面铺平。拿起盆子往地面敲一敲，让土壤扎实。

5 最后浇入大量的水。移植完成。

第三章　基本作业二　繁殖

扦插

这是一种繁殖植物最简单的方法。它也可以利用整枝和剪定时截断的枝条来进行。一般而言，这种方法运用于草本植物时称为「插芽」，运用于木本植物时称为「插枝」。

▎能确实繁殖出目标品种

"扦插"是繁殖植物的方法之一。把树木的枝条剪下，插在土壤里，切口处就会长出根，最后可以当成幼苗来定植。也可以活用剪定后不要的枝条来进行。

利用扦插法繁殖的优点是生长迅速。用种子繁殖的话，生长需要花很长的时间。扦插法是利用已经成熟的木本、草本枝条来繁殖，所以短时间就能培育出成株。

还有一个优点就是新株会长得和母株一模一样。从种子开始培育的园艺品种，就算能长得和母株很像，也不可能开出和母株完全一样的花，或长出完全一样的叶子。相对于此，扦插长成的苗可以说是母株的复制苗，所以会长成颜色、形状完全相同的苗。

除了稻科和棕榈科的部分植物之外，多数植物都可以利用扦插法繁殖。而且就算这次失败了，只要换个时期再进行通常就能顺利完成。不论是常绿树、落叶树还是蔓性植物都请多多尝试。

可以轻松繁殖出相同品质的复制苗

相对于播种的有性繁殖，扦插则是无性繁殖。扦插的部分会形成复制苗，植株的颜色及品质将与母株完全相同。

▎从健康植株的嫩枝剪取插穗

扦插使用的枝条称为"插穗"。请从生命力旺盛的植株上剪取今年新生的嫩枝来用。一般而言，草本植物的扦插称为"插芽"，木本植物的扦插称为"插枝"。选择要当成插穗的枝条时，首先要确认其没有病虫害。请选择茎部强壮、叶量多、叶间距离短、生长气势强的枝条。

取植物的末端部分当插穗称为"顶芽插"，取末端以外的枝条中段当插穗则称为"茎插"。茎插常用于枝条数较少的植物。

▎只要插在装水的杯子里就会长出根的水插

有的植物只要插在水里（水插）就会发芽。观叶植物、常春藤都可以水插。管理得当的话，连紫阳花和紫薇等也可以水插。

水插的方法很简单，只要在杯子或花瓶里盛水，然后把插穗放进去就行了。管理方面只要把它放在能避开阳光直射的明亮场所，并每天换水避免根部腐烂即可。也可以先在水中加入防止水腐坏的药剂，这样更安心。

水插发根的幼苗已经习惯水中的环境了，如果要移植到土中的话，一开始要先浇大量的水。

■ 插穗的长度是 5～10 厘米

虽说插穗的长度会因植物的种类而异，但草本植物大约是 5 厘米，木本植物大约是 10 厘米，较粗的枝条则要更长一点。

此外，插芽要保留 2～3 片健康的叶子，其他的拔掉。绿枝插（见第 63 页）要把剩下的叶子剪成 1/3～1/2 的大小。借由减少叶子的量来防止水分从叶子蒸发掉，保留发根所需的水分。

接着用锋利的美工刀斜切插口。切口面积愈大愈容易吸收水分。最后插在水中 1～2 小时，准备工作就完成了。

切插穗之前要先将刀具消毒

用美工刀等刀具来切，插穗的切口就比较不会破损，之后也比较容易发根。但是为了避免病毒，请一定要先把刀具仔细地消毒干净。只要用打火机在刀刃两面各烧 3 秒钟就行了。

■ 扦插床必须有很好的排水性和较少的肥料量

扦插插穗的地方称为"扦插床"。建议使用透气性佳的素烧花盆，但用其他容器也可以。量很多的话，用大型花盆或底部挖洞的保丽龙箱也可以。重点是多余的水分要能从底部排掉，还有保持清洁。

扦插床的土壤必须具有良好的排水性，插芽可以用珍珠岩或蛭石，插枝可以用赤玉土或鹿沼土等，请择一使用。清洁也很重要，所以请务必使用新的土。还有，混入肥料的话，枝条可能会在长出根之前就腐烂，所以请不要施肥。

第三章 基本作业二 繁殖

扦插床的准备

扦插插穗的地方称为「扦插床」。只要选择适合的土壤和容器，插穗就能很好地繁殖生长。

用 土

请选择排水性佳的用土。旧的土可能会含有杂菌之类的不洁物质，应尽量避免。市面上有贩售扦插专用的土壤。

适合插芽

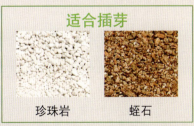

珍珠岩　　蛭石

适合插枝

赤玉土　　鹿沼土

容 器

插穗的根不会长得很深，用浅盆当容器就够了，不仅不会浪费土壤，透气性也非常好。

浅盆
高 10 厘米左右的浅盆。

塑料盆
抛弃的塑料盆也很方便。

岩棉
市面上也有贩售免用土壤的扦插专用垫。

泥炭苔育苗盆
盆身会变回土壤，移植更轻松。

先使扦插床充分湿润再使用。

插芽的步骤

草本植物的茎非常纤细柔软，插芽时要用镊子小心地作业。

插穗如果用剪刀剪会破损，应用美工刀来切。

要准备的东西

要做插芽的母株 浅盆 培养土（蛭石等） 颗粒土（赤玉土大粒）

1 用刀子从母株枝条的末端切下约 5 厘米的 2 节。

2 除去插穗下半部的叶子。先往下轻拉之后再往上拉，就能漂亮地拔除。

3 切下来的插穗先在水里泡 30 分钟。

4 用镊子轻轻夹起插穗，插在土壤中。如果没有镊子，就先用细棒在土壤上戳洞再插入插穗。

5 依相同方法完成其他插芽，注意不要让叶子相碰重叠。

6 最后是浇水，要浇到盆底会流出水来。

之后的管理

插芽后的容器要放在不会受到日光直射的明亮日阴处等待生长。快的话插穗 3～4 周就会开始长新芽，4～6 周就可以移植到花盆里了。

3 周后

■ 硬枝插与绿枝插的作业时机不同

扦插分为两种,一种是在新芽冒出之前进行的"硬枝插",另一种是使用发育中新枝条的"绿枝插"。这两种都不要在天气冷的时期进行。

用于常绿树、落叶树、蔓性植物等的硬枝插要在2月下旬~3月下旬进行。只有针叶树要在3月下旬或4月之后进行。虽说稍微老一点的枝条也可以用,但如果使用前一年才长出的新枝,发根会更容易。

硬枝插请在母株休眠中的1月下旬~2月上旬采取插穗。采取后要放在塑料袋中避免干燥,并置于冰箱冷藏室中保存。

绿枝插常用于大部分常绿树、落叶树以及蔓性植物等的扦插,在6月中旬~7月上旬的梅雨时节进行最容易成功,不能早于新芽变硬的5月中旬,其中也有9月前后扦插最容易发根的植物,但此时就必须注意气温下降后的管理。

■ 保持适温适湿促进发根

插枝的发根多少会有些不安定,一般会利用生根粉来改善。用法是先把生根粉溶解在浸泡插穗的水中,快要插入土壤时也涂一些在插穗的切口上。

扦插床要放置在稍微明亮的日阴处,记得要浇水还有防止烂根。不必每天浇水,只需视情况适度浇水,不要让土壤干掉。

蓝莓、胡枝子等不易发根的种类或是做绿枝插时,都适合用密闭扦插法(参照下述)。周围的湿度上升了,从叶子蒸发的水分就会减少,除此之外,它还有保温的效果,所以会很容易促进抽穗发根。

发根的秘诀

和插芽比起来,插枝需要花更多的时间发根。这里提供您几个诀窍,只要多花一点工夫,插穗发根并长成新苗木的概率就会提高很多,请一定试试看。

放在通风良好的半日阴处

对插枝而言,直射的日光是大敌。可以用布帘或竹帘来遮光,制造通风良好的日阴场所。

使用生根粉

利用市售的生根粉提高发根概率。

密闭扦插法

用塑料袋等把做好插枝的容器密封起来,让枝条更容易发根。还要用喷雾器仔细喷水保持湿度。

切口要斜一点

用刀子把插口切成斜斜的,让吸收水分的面积变大。

硬枝插的步骤

硬枝插的枝条须在植物还在休眠中的2月下旬~3月上旬进行。要当成插穗的枝条要在常绿树或落叶树冒新芽之前的2月上旬前采取。这里以蓝莓为例介绍基本的扦插步骤。

要准备的东西

预先在冬季采取储藏扦插用的枝条 浅盆 土壤（鹿沼土）颗粒土 生根粉

1 在芽的正上方以6~8厘米的长度分切枝条。末端较细部分不容易发根，请不要使用。

2 用锋利的刀子把要插在土里的部分切成斜口。作业时不可搞错枝条的上下端。

3 把切口泡在水里1小时以上，让枝条充分吸收水分。

4 在切口处涂上薄薄的生根粉。涂太多反而会不容易发根，所以请把多余的粉敲震落。

插穗的方向要与自然生长时相同

扦插时如果把插穗的方向弄反了，就不会发根。应仔细观察插穗上的芽，要让芽朝向上方。

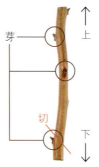

5 先用细棒戳洞，然后插枝，接着用细棒把枝条周围的土壤压紧，使枝条的切口与土壤密合。

6 依相同方法插入其他枝条。枝条与枝条的间隔有2厘米就足够了。

7 浇入大量的水，放在明亮的日阴处。2~3个月就会发根，4~5个月根就会伸长，然后就可以移到塑料盆里了。

绿枝插的步骤

绿枝插的最佳作业时机是湿度较高的梅雨季,但5~7月也可以。依种类不同,有些也可以在初秋作业。这里以垂榕为例介绍基本的扦插步骤。

要准备的东西

要做插枝的母株 浅盆 土壤(鹿沼土)颗粒土 生根粉

1 在距离枝条末端10厘米左右的叶柄根部上方切断,取得插穗。

2 留下2~3片叶子,其他的都摘除。保留的叶子也剪成1/3左右的大小。

3 把切口浸泡在水中30分钟以上,让枝条吸水。垂榕等的切口会流出白色树液,请先用水洗掉。

4 在切口处涂生根粉。涂太多反而会不利发根,请注意。

5 用镊子或细棒在扦插床上戳洞,插入插穗,再轻压一下根部。

6 把剩下的插穗也插进去,但要注意别让相邻的叶子互触。最后浇入大量的水。

7 用密闭扦插法帮助枝条生根。连盆子一起用塑料袋套起来,用喷雾器在整个袋子里喷水,喷多一点。

8 最后把袋子的上端绑起来,使袋内密闭,这样就算完成了。1天1次把袋子里的空气换新,里面如果干了,就再度喷雾。

第三章 基本作业二 繁殖

■ 再生力旺盛的植物，叶子也能繁殖

"叶插"也是扦插的方法之一，就是把叶子插在土里繁殖成新株。具有再生能力的草本植物有些就可以利用叶插法来繁殖，例如秋海棠、虎尾兰类及多肉植物等。

方法很简单，但依植物不同，又可分为直接插和分割后再插两种做法。有的可以连叶柄一起切下来，然后整片直接插在土里，称"全叶插"；有的是把叶脉切断分割成数片分别扦插，称"切叶插"。对于像虎尾兰那样的细长叶子，可以分切成 10 厘米左右的小段，然后等切口充分干燥后再扦插。此时要注意不可把叶子的上下端弄反。

此时是没有根的状态，所以浇太多水并不能吸收，反而有可能会导致腐烂。正确的做法是，一开始浇入大量的水，之后就放在半日阴处管理并视土壤的干燥状况适当补充水分。另外，为了避免叶子干掉，还要用喷雾器等补充水分（见第 99 页）。

■ 请在不会造成幼苗负担的时期上盆

快的话插穗只需要 1 个月就发根了。插枝的话，有些较慢的植物要花 1 年以上的时间。请试着把插穗轻轻往上拉，如果感觉到阻力，就是根已经伸展开来了。也可以把土翻开点确认一下是否能看得到根。

发根的幼苗要移到花盆或塑料盆里培育，一直到根充分伸展开来为止。这个作业称为"上盆"。只要避免新芽还太嫩太软的 4 月中旬～5 月中旬这段时期，以及酷夏、严冬时期，什么时候作业都可以。

一片叶子就能长出很多苗

用小叶子做叶插时是不作分割、直接扦插的。大叶子则可以分成数片，分别扦插。

叶插的步骤

圣保罗堇、秋海棠属植物、多肉植物等具有较强再生能力的植物，就算只插叶子也能轻松繁殖。

1 采取要做叶插的叶子。用剪刀剪切口会破损，请使用美工刀。

2 用细棒在土上戳一个洞，插入叶子。

3 浇入大量的水，直到水从盆底流出来为止。

4 放在明亮的日阴处等待发根。水干了就再浇入大量的水。

叶子插入土里的根基部分长出了新的芽和根。上盆要等芽长得够大之后再进行。

2 个月后

上盆的步骤

矮牵牛花的插芽大概4～6周就会长到可以上盆的程度了,但其他植物培育到可以上盆所需的期间则各不相同。请先确认根系已充分展开了再作业。

要准备的东西

已经发根的插芽或插枝　培养土(含肥料)　塑料盆　盆底网

1 连土壤一起把插芽拔出来。不好拔时就用拳头轻轻敲一敲盆边。

2 用镊子等把交缠在一起的根仔细拆开,使幼苗一株一株分开。

3 在塑料盆上铺盆底网,填入培养土。使培养土在盆内堆成一座小山。

4 把幼苗放进盆内,使根呈放射状展开,覆盖在培养土堆成的小山上。

5 在幼苗的周围填入土壤。填好后提起盆子往地面上轻敲几下,使土壤与根密合。

6 把其他的苗也分别移到盆子里。上盆后要浇入大量的水。

要点　如何判定上盆时机

上盆的时机每种植物各不相同,插芽是4～8周,插枝则是2个月～1年。请先确认一下发根的情形再作业,轻拉幼苗感觉一下是否有阻力,翻到盆底看一看是否有细细的根。

盆子的间隙处可以看到白白的细根。

第三章　基本作业二　繁殖

压条

把植物的枝条弄伤，让枝条在与母株相连的状态下发育成苗木。这种方法适用于想要整理树形之时。它无法一次繁殖很多，但不容易失败，初学者也能放心作业。

■ 把形状漂亮的枝条直接变成幼苗

压条就是把枝条的一部分弄伤，压入土中，让它能够利用叶子光合作用产生的营养发芽。这种方法并不适用于大量繁殖，但能让新苗在与母株相连的状态下继续发育，是不容易失败的繁殖方法。

压条最大的特征就是可以直接利用母株。这种方法可以像分株一样培育出与母株性质相同的幼苗。与插枝相比，压条可以利用更粗的枝条来作业，而且不需要把叶子摘掉，所以可以培育出更大更漂亮的幼苗。

此外，一开始就可以选择自己喜欢的枝条来培育，因此这种方法适用于盆栽等重视枝条外观的场合，或是想提早修整树形，塑造理想中的成木的情况。

能够插枝的植物十之八九都可以压条，插枝不易成功的植物改用压条也可能会成功。压条最常用于树木的繁殖。

■ 压条的适当时机主要是春～初夏

有关压条的适期，针叶树是3月上旬～6月上旬，常绿阔叶树是3月上旬～7月上旬，落叶树是4月上旬～7月上旬。压条可以一次在树木的好几处施行，但也要考虑母株的负担，所以1棵树还是只做1个地方就好了。

压条一般都会在较高位置的枝条上施行，称为"高压法"。先选择想要做成幼苗的枝条，然后把要做压条那部分的树皮剥掉。重点是不要留下形成层的部分，只保留树心的木质部（见第69页）就好。接着缠上水苔防止干燥，再用塑料袋等包起来等待发根。

■ 等长出的根够多了就可以切离上盆

等施行高压法的部分看得到很多根的时候，就把塑料套拆掉，并在发根部分的下方让它切离母株。以不伤及根部的程度清除水苔，剩下的就留着不管。

切离的幼苗要定植在较深的容器里，让根确实伸展开来。如果希望根的伸展能更快更稳定，也可以用绳子固定植株和盆子，以免苗木因风摇动，这样更放心。此外，浇水的量要够多，根量还很少的时候请放在明亮的日阴处，减少从叶子蒸散出去的水分。之后再要慢慢往明亮的场所移动。

■ 细且软的枝条可以采用普通压条法

常春藤等枝条较细较软的植物要做压条时，以"普通压条法"最适合。方法是把枝条压到地面，然后把要压条的部分埋在土里使它发根。

普通压条法做出来的苗要用支柱撑直，把形状整理漂亮之后再定植。

高压法的步骤

取用较高位置枝条的高压法从印度橡胶树、千年蕉等的观叶植物到蓝莓、寒梅、茶花等大部分的果树、花木都能施行。

要准备的东西

水苔 厚塑料膜 绳子

1 水苔要先浸水1~2小时。用手拆开,尽量让纤维保持长长的,不要弄断。

2 用刀子在要做压条的部分划上切痕。

2~3厘米

3 把划了切痕这部分的树皮剥掉。要剥干净,不要残留。

4 在切掉的部分缠上大量的水苔。握握看,把各处的厚度调节均匀。

5 从上端开始缠塑料套。绑紧一点,不要让水苔干掉。

6 上下两端都用绳子绑起来。放置3~12个月等待发根。

要点

发根了就上盆

渐渐能从塑料套外看见根延伸的模样后,就取下塑料套并将枝条切离母株。

轻轻剥掉水苔,直接当成幼苗种在容器里。

第三章 基本作业二 繁殖

嫁接

嫁接主要用于果树和花木，它是把相同品种或近缘的树木接在一起繁殖。熟悉嫁接技术后，就能更深更广地享受种树的乐趣了。

把植物的枝条切下来连接在别的树上繁殖

把植物的两根枝条紧密交接，时间长了它们会结合成根。"嫁接"就是利用这个性质以人工方式连接枝条达到繁殖的目的。

嫁接要使用砧木和穗木两种树木。砧木是要作为根基的树木，要选择根部已充分伸展的苗木。想繁殖的树木称为母株，从母株上切下来的枝条称为穗木。

砧木和母株要选择相互间具有亲和性的品种。一般而言，只要两种植物同为一个属（科、属、变种、品种）就可以了，但也有例外。

另外，如果在生长气势强盛的砧木上嫁接健康状况不佳的穗木，就会只有砧木继续成长；反之亦然。因此，选择生长气势相当的树木加以配对也是嫁接成功的条件。

嫁接要使用根系发展良好的砧木，因

此可以培育出健康强壮的幼苗。也就是说，把易受病虫害侵袭的花木枝条，嫁接在能抵抗病虫害的砧木上，会培育成强健美丽的花木；把年迈的树木嫁接在年轻的砧木上会让树木返老还童；嫁接还可能让果树提早几年收成。

适合嫁接的树木有茶梅类、木兰类、玫瑰类、牡丹类等的花木、果树，以及松、枫类等的植物。

嫁接的几种玩法

使两根枝条结合成一根的嫁接法有很多不同的玩法。虽说这算是比较高级的技巧，但请您一定要挑战看看。

缩小版的大树
让果树或花木等种在小花盆里也会开花、结果。

雌雄同体
借由将雄株与雌株嫁接，让原本无法单独结果的种类（见第171页）产出果实。

色彩大集合
把同品种不同颜色的寒梅、玫瑰、木槿等树木嫁接一起，在一棵树上就能欣赏到缤纷的花色。

■ 只要使形成层相互紧靠，就能让两根枝条合二为一

嫁接的重点在于砧木与穗木的接合方式。

请看枝条的断面图，在坚硬的木质部外侧与表皮的内侧之间有一层环状的形成层，新的细胞就是从这里产生的。施行嫁接时，要使砧木与穗木的形成层都露出来。然后使两者形成层紧密地靠在一起，附着共生，最终形成一体。形成层没有相互紧靠，嫁接就不会成功。当砧木与穗木的粗细差异较大时，只要随便选一侧靠在一起就行了。为了不要让位置移动，请用嫁接胶带等把期望结合的部分确实固定好。

还有，为了避免切口干掉，请尽快完成一连串的作业。

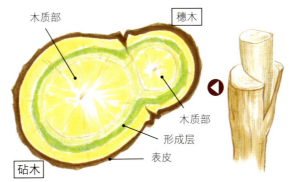

■ 最适合嫁接的时期从 2 月下旬开始

嫁接从 2 月下旬起就可以开始施行了。虽说每种树木的嫁接适期略有不同，但一般而言，结束期针叶树要在 3 月上旬之前、落叶树要在 4 月上旬之前、常绿阔叶树要在 6 月中旬之前施行。

嫁接方法中最广为人知的就是"枝接"。做法是把砧木的上侧切掉，然后接上预先储藏或春天才采取的穗木。切取穗木时要尽量露出多一点形成层，让接触面积大一点。

还有一种方法称为"芽接"。就是从母株上把靠在叶柄旁边的嫩芽连叶柄一起削下来，然后在砧木上切牙口，把芽插在那里。这虽然是很精细的作业，但好在就算不顺利它也不会损伤母株，不用太担心。另外还有"靠接"和"根接"等方法。

每一种方法都必须要经过慢慢训练才会掌握住。应反复练习刀子的用法及嫁接胶带的缠法等，直到熟练为止。

最重要的是形成层要相互紧靠

形成层是树木最年轻的部分，位于表皮的内侧，不久后会变成年轮的一环。由于这部分会不断分裂出让树木成长的细胞，所以接上了枝条也能快速结合稳固。

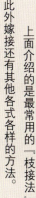

嫁接的种类

此外嫁接还有其他各式各样的方法。上面介绍的是最常用的"枝接法"，

芽接	靠接	根接
从母株上把叶柄旁边的嫩芽削下来当做接穗。然后在砧木枝条的中段切开一个口子，把接穗插在这里。	使母株与砧木并列，分别将两株的枝条在中段削薄约 2 厘米，然后再使削薄的部分相互对齐紧靠。	在要当穗木的母株枝条上切牙口，插在被削成楔形的砧木上。这种方法主要用于帮助虚弱的母株再生。

刀具要干净，植物才不会生病

切口不够平滑，砧木和穗木就无法紧密接合。希望嫁接成功，就一定要准备好用且锋利的刀具。

刀具在切入植物之前一定要先仔细消毒。使用过的刀具如果直接又拿去切别的树，就可能会在不知不觉间传染了杂菌或病原菌。最简单的消毒方法是火烤。只要用打火机等在刀子的两面各烧3秒钟就好了。如果要用市售的消毒液，就在处理每根枝条前都把刀子浸泡一次，保持刀具的清洁。消毒液在园艺店等就买得到。

穗木的保存

嫁接穗木的选取与硬枝插的同样。把冬季摘取的枝条装入塑料袋中，置入冰箱冷藏室中保存，或是埋入土中。

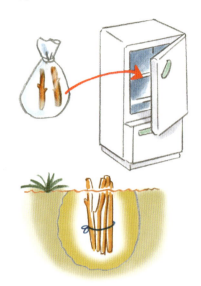

把好枝条储存起来

如果要做枝接的话，就要从休眠中的母株上采取枝条当成穗木，这样可以抑制水分的蒸散。因此可以在嫁接适期即将来临的1月下旬～2月上旬采取前一年萌生的新枝并储存起来。

穗木的准备工作首先是从母株上采取必要数量的枝条，枝条的长度要差不多，集中成一束。保存方法有两种，一是在土壤上挖洞并上下正确地放入穗木，然后以上侧露出一部分在地表外的高度埋起来，最后用脚把周围的土踏平。另一个方法是把采到的枝条放入塑料袋中密封，然后置入冰箱的蔬果冷藏室中保存。总之，重点是一定要保持适当的湿度并置放在阴暗凉爽的场所。但有些品种像松、梅、玫瑰等，从母株上切离后必须尽快使用。

用插枝法或播种法制作砧木

嫁接用的砧木有些是利用插枝的方式繁殖出来的，但大部分都是用从播种开始种植起的树木，因为这样可以长得比较好，嫁接之后也较能长成健康的幼苗。采用播种法时，只要采取秋季熟成的种子，并把它们放在冰箱或阴凉的场所保存，然后在春天播种就行了。

要当作砧木使用的树，如果是插枝的苗长成的，大概要培育1年左右才能使用；如果是播种长成的，要挑选培育了2～3年的。树干太细或太粗都会对枝条的附着共生不利，一般都是使用生长到1～1.5厘米粗的树。

嫁接后要防止接着面干燥

在砧木与穗木附着共生，并能通过形成层传递养分及水分之前，应小心照料它们，避免穗木枯死。用嫁接胶带或嫁接封蜡确实封闭切口，这样不仅可以防止干燥，也能避免雨水渗入。嫁接后的苗要放在不会受到日光直射的背阴处等待生长。

其间砧木也可能会长出新芽，但为了让从地底吸上来的养分能送达穗木，请尽早将这些新芽摘除。穗木上如果长出了新芽也一样要摘除，在嫁接部分稳固并发育至一定程度之前，穗木上只要保持1～2枝芽。

嫁接的步骤

嫁接技巧中被使用得最广泛的就是枝接。如果砧木和穗木分别使用不同颜色的花木，就可以在一棵树上同时欣赏到两种颜色的花。使用刀具时务必小心注意安全！

要准备的东西

砧木　预先储存好的穗木　嫁接胶带　园艺用封蜡

1 把预先在冬季储存好的穗木分切成5～7厘米的小段。每段穗木只留两个芽，在芽的上面一点处切断。

2 用刀子把穗木的嫁接口削成如图状，要像削铅笔那样平平薄薄地削。

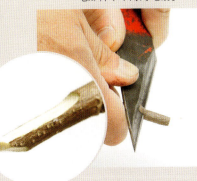

3 把切口浸泡在水中，不要让它干掉。

4 把刀锋靠在砧木的角边，以45°把角切下来。

5 从这个斜切面的中心垂直往下切3厘米左右。切时刀锋对着切口，刀尖则用戴了两层工作手套的左手固定，以慢慢把砧木向上提的方式切下来。

6 把穗木插在砧木的牙口内。此时一定要有某处的形成层是对齐的。

7 用胶带把嫁接口缠起来固定。应确认固定好，不要让枝条与枝条间留下缝隙。

8 在穗木上部的切口处涂蜡以防干燥。穗木上如果长出了新芽，就是嫁接成功的证据。

第三章　基本作业二　繁殖

此时该怎么办呢
园艺作业的问与答 ②

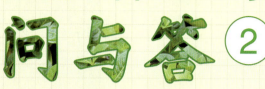

问

我的黄金葛枯死了……

我是园艺初学者。为了"谁都可以种活"这句话而买回黄金葛盆栽来种,但过了半年它就枯死了。我明明有认真浇水,也会把植物放在窗边晒太阳啊……

问

适合初学者的超好种植物有哪些呢?

我想在房间和阳台上摆设植物,但仙人掌和观叶植物到现在已经种死好几盆了。到底什么植物才不需要照顾呢?

答

室内和阳台本来就不是植物能自行生长的环境,一定要有人照顾才行。虽然我们常用"连仙人掌都种不活"来形容懒人,但其实仙人掌和观叶植物的培育方法也是有讲究的,例如浇水的时机、受光量的调节等,掌握这些诀窍其实并不容易。

首先是阳台,建议你可以从三色堇、香堇菜等的一年生草本植物盆栽开始种。从秋天到春天只要给予阳光、水和薄薄的肥料,它们就能自己长得很健康了。

其他适合种在阳台上、不需太照顾而且不怕干燥的植物请参见第 146 页。

答

很认真浇水吗?可是浇太多水也会引起烂根,导致植物枯死喔!浇水的原则是"干了之后充分浇透",冬季的话,干了之后再等两三天左右也没关系。如果屋内比较干燥的话,偶尔补充一下叶水就会恢复元气了。请再阅读一次浇水的基础(见第 96 页),然后再练习看看。

此外,黄金葛是喜欢半日阴的中光性植物,所以日照太多也不好。如果要放在窗边的话,最好能透过蕾丝窗帘接受日照。

施肥大概一周一次把液体肥料加水稀释浇入即可。在春天和秋天施以缓释性化学肥料就会长得更健康。请参阅肥料的单元(见第 104 页)。

问

仙客来的花茎软软垂垂的无法直立。

我买了仙客来放在面向南方的窗边,但它的茎都软软垂垂的无法直立,叶子也很虚弱,一点活力都没有。

答

把仙客来种在室内经常会发生花茎倾倒的问题。这是因为光量不足和高温使得花茎和叶柄变虚弱了。这也可能是浇水过量和肥料过盛所致。一般要将其放在 20℃ 以下管理,并在 3 月中旬以后移到通风良好的屋外,接着只要保持在略干的状态下培育,就会长出健壮的叶柄和花茎。还有,搬到户外时不能忽然接受日光直射,要先从半日照开始,之后再一点一点地移动位置,增加日照。

第四章

基本作业三
修剪、改植

修剪

第四章 基本作业三 修剪、改植

栽培很久的多年生草本和花期较长的一年生草本，如果一直种着不管，植株就会变得零乱。狠下心来修剪可以让植株冒出新芽，开花数也会增加。

过了开花最盛期就可修剪，落剪于节的上方

"修剪"就是把长得太长而导致植株外观零乱的枝条剪短修齐。特别是花期较长的草花和枝条较密集的香草类。

修剪最主要的目的有三个，就是整形、增加花芽和避暑。

修剪除了可以使植株看起来更利落，也能促使植株长出健康的侧芽，让低矮的草呈现出茂盛感。除了侧芽，花芽也会增加，所以能够再度欣赏到繁花绽放的美景。

此外，在梅雨及夏季来临前修剪茂密的枝叶也能改善通风及日照，预防因闷热导致的病虫害。还有，修剪之后植株的体积变小了，可以减轻酷暑带来的消耗。

最看得出修剪效果的是矮牵牛花、非洲凤仙花和金莲花等，它们的茎会在夏季来临前伸长很多并垂挂下来。向上抽高的立性种蓝尾草、金鱼草和柳穿鱼等，则是只要在花期过后修剪，就能再度欣赏到开花美景。玛格莉特、银叶情人菊、金露花、迷迭香等会木质化的多年草本也要修剪，以让草形更美观。

修剪的要领是在紧邻节（长出叶子的地方）的上方剪断，因为节会长出侧芽。长度只留整体的 1/3～1/2 就行了。立性种如果在较高的位置剪断，就会只有上部分出新枝，这样整体的平衡感会变差，所以要在较下方的位置剪断。

修剪后可以施放缓释性的置放型肥料，或定期施加液态肥料促进侧芽生长。剪下来的枝可供扦插（见第58页）使用。

金露花的修剪

金露花必须等到根伸展至一定程度之后才会开花。用小花盆栽种就好，形状变丑了就修剪一下。

枝条伸长、外观变零乱的金露花。

1 留下底部的 1/3 左右，在紧邻叶子的上方剪断。把长的枝条全部剪掉。

刺是长过花芽的位置。由于植株还很年轻，养分全都被拿去供给叶子生长了，所以没开花。

2 全部剪短修齐之后，就把所有的嫩芽末端剪掉，接着摆上置放型肥料（缓释性化学肥料）并浇入大量的水。

修剪好的植株暂时放在不会受到日光直射且通风良好的地方管理。

矮牵牛花修剪

茎长得太长，花量减少的矮牵牛花。

1 轻轻拉起长长的茎，在花盆边缘的附近剪断。落剪处为紧邻叶子的上方。

2 其他的茎也一样，逐一轻轻地拉起，在花盆的边缘处剪断。

这株矮牵牛花的花都开在茎部末端，它茎部伸长导致根基处不开花，所以整体看起来很不美观。把伸长不整齐的茎修剪齐，这样植株就会再度开出大量的花。

3 花盆中间的茎剪到留下3～4厘米长。这里的茎如果不剪的话，以后就会形成上方不开花的局面。

4 把长的花芽剪掉，腐坏的叶子也要除去。

5 施上缓释性化肥。

6 这里是修剪好的植株以及剪下来的茎。往植株浇入大量的水，并先置放在不会受到日光直射的地方。

1个月后

枝繁叶茂，花芽长出。

第四章 基本作业三 修剪、改植

庭木的剪定

要在庭园这一有限空间里种树，就必须要定期对树木进行剪定。剪定能让树木健康生长，维持树形美观。

第四章 基本作业三 修剪、改植

▍适当的剪定，让树木美观健壮

剪定的目的主要有三：

一是调节树木的大小及树形，让树木配合空间维持一定的宽度和高度，让长过头的树木缩小一点。

二是让树木更健康。清爽利落的枝干能让树木连内侧都接受得到日照，通风状况也会变好。这有助于预防病虫害，也使日阴处的树枝不会枯萎。同时，种在树下的矮小草本也能照得到日光，健康茁壮。

三是让树木长出更多枝干。把旧枝剪掉就会长出很多新芽，树枝的量就会增加。切断处长出的新枝会不断伸长，因此树木会显得生气蓬勃。

▍剪定的时机及效果

3月~4月中旬施行的春季剪定要在严寒趋缓、树木冒出新芽之前作业。欲使树木看起来更大的话，此时剪定会很有效果，新芽会很快地生长。

5月中旬~6月的初夏剪定则是在新芽已经变硬的时候进行，因而不会造成树木的负担。剪定后新芽就会整齐地冒出，可以整理树形。

9月~10月中旬的秋季剪定只要做特定的剪掉，同时把形状修整漂亮即可。

此外，落叶树也可以于休眠中的冬季剪定。切除粗枝等的大整形，在休眠期进行较不会造成树木的负担。此外，针叶树的某些种类也较适合在严寒时期剪定。

对于花木，就在开花结束长出新枝之前剪定。这样剪定后生长出的新枝上就会长出花芽。

▍彻底切除不良枝

会妨碍其他枝条生长或是不美观的枝就属不良枝。如果放任不管，不良枝会消耗养分，其他枝条上得到的养分就少了。所以首先要分辨出整棵树上有哪些枝是不要的，把这些不良枝处理掉，让整棵树的枝条伸展姿态变得漂亮，枝叶生长更为平衡。

剪定时间表

12月	11月	10月	9月	8月	7月	6月	5月	4月	3月	2月	1月	
冬季剪定									冬季剪定			落叶树
		秋季剪定				初夏季剪定			春季剪定			常绿树
冬季剪定									冬季剪定			针叶树

不良枝的分辨方法

不良枝如果放任不管，树形就会变得零乱，营养也会被它吸走，最后导致树木变弱，而且日照和通风状况也会变差，枝条较少的树木应等枝条长多后再剪定。以下为常见的不良枝，请学会辨识。

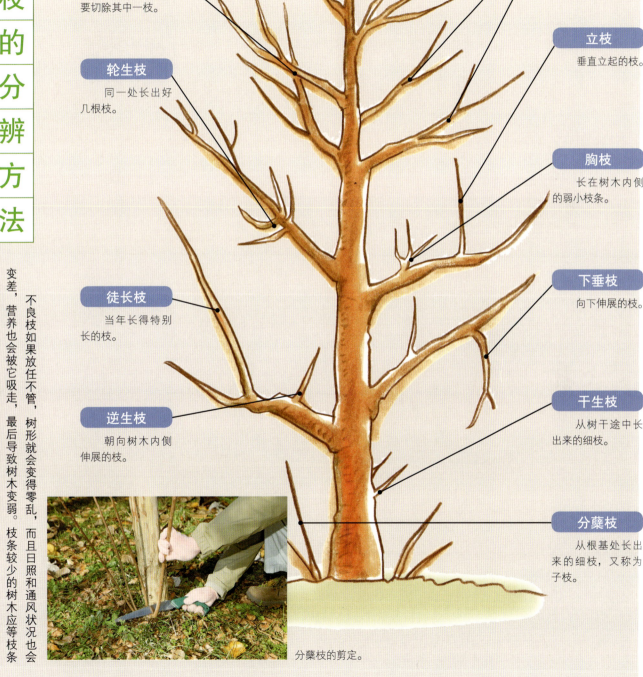

交叉枝　交叉生长的枝，要切除其中一枝。

轮生枝　同一处长出好几根枝。

徒长枝　当年长得特别长的枝。

逆生枝　朝向树木内侧伸展的枝。

平行枝　往同方向平行伸展的枝，要切除其中一枝。

立枝　垂直立起的枝。

胸枝　长在树木内侧的弱小枝条。

下垂枝　向下伸展的枝。

干生枝　从树干途中长出来的细枝。

分蘖枝　从根基处长出来的细枝，又称为子枝。

分蘖枝的剪定。

第四章　基本作业三　修剪、改植

多准备几种剪定工具

剪定时依枝条粗细替换使用工具能让剪定作业更顺利。

园艺剪用于切断枝条末端或细枝条。和园艺剪比起来，剪定铗可以修剪更粗的枝条，直径在15毫米以内的枝条它都可以轻松剪断。但它不适合修剪较细的枝条，且容易留下一小段剪不到，遇此状况要改用园艺剪。

高枝剪用于修剪距离较远的枝条，但枝条不宜太粗。剪切较粗的枝条或树干，要用剪定锯，不要用剪刀。

通过修剪剪定整理树形

不良枝的剪定以减少枝条数为目的，所以要从枝条的根部切断。而修剪剪定则是在枝条的中途切断，目的是控制树木的大小及整理树形。

如果不修剪，枝条就会一直延伸，末端也会长出小枝，导致树形零乱。切断枝条后，切口附近就会长出强健的新枝。树木将保持在理想的高度，也使树形更美观。

在把长得太大的树木重新修剪成小树，或是从苗木开始培育成大树的过程中，反复多次修剪，能让树木在纵横方向的每个角度取得平衡，或创作出丰富多彩的漂亮树形。

不同的切法会影响枝条伸展的方向

修剪时，在靠近枝条根部位置的切断称为"强剪"，而在靠近末端位置的切断称为"弱剪"。

修剪前一定要知道，越是想强行切齐，就越会长出强健的长枝条。如果不知这一点，就常为这样的事而困扰：明明很在意某根枝条，希望让它变短，而剪切后却在附近反而长出了更茁壮的新枝。剪切时要想像一下剪定后枝条会长成什么模样，然后据此调整剪断位置。

工具的使用方法

剪定铗和剪定锯是庭木剪定最常用的工具。剪定细枝用剪定铗，粗枝用剪定锯。

剪定铗

使受刃在下，握着剪定铗。剪断的位置要尽量靠近不良枝的根部。

修剪剪定要在芽的上方一点点位置斜斜地剪断。左图是芽上方剪剩太多的情形。

剪定锯

1. 先在距离枝条根部约5厘米的位置从下侧锯到枝条粗细的一半左右。
2. 接着在距离此锯痕3厘米的前方从上侧锯下。
3. 锯着锯着，枝条就会忽然折断并落下。
4. 再用剪定锯将剩下的部分沿着根部仔细锯掉。

剪定花木时要注意保留花芽

剪定花木时千万不能连花芽也剪掉。每种花木长出花芽的时期及其位置都是固定的，务必事先了解。（见第165页）

花木的剪定要在花季结束后、新芽萌发前进行。即春季开花的花木，要在夏季开始前完成剪定，这样7月中旬～8月就会长出很多花芽。秋季剪定时要先确认已萌发的花芽，在剪定时要把它们留下。果树则要注意不可把已经受粉的花剪掉。

有时也会视情况剪除部分已长出花芽或已受粉的枝条，以缩减开花或果实的数量。这样做的目的是把养分集中在想保留的花或果实上。

通过修剪让老植株再发生机

枝条生长逐渐衰弱的多主干植物，要在靠近地面的位置把老枝条修剪掉。这样，在那些边上会长出新芽并迅速茁壮生长。像这样借由修剪让植株再发生机的作业称为植株更新。

经此处理不仅地面上会冒出新的枝条，枝条间的通风及日照状况也会改善，这对于让植株保持健康相当有帮助。

能通过植株更新带来良好效果的多主干植物有加拿大唐棣、雪柳、连翘、紫阳花等。

修剪的基础

修剪定是不可或缺的。欲使树形优美，让枝条沿着预定的方向长成预定的长度，首先让我们来了解一下修剪的基础。

在外芽的上方切断

枝条被切断后，从紧邻切口下方的芽生长出来的枝条会长得更健壮。因而修剪时务必在枝条外侧的外芽上方剪定，新的枝条将往外侧伸展，这样树形会更容易整理。

强剪定与弱剪定

把枝条在靠近树干的地方切断称为"强剪定"，在靠近末端的地方切断称为"弱剪定"。应先考虑自己想要的树形及大小，然后分别使用强剪定与弱剪定。

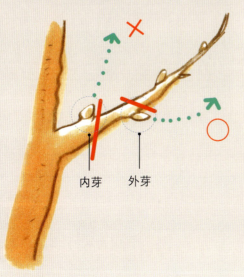

内芽　外芽

在枝条根部附近施行强剪定，就会从那里长出又长又壮的新枝。

在枝条末端施行弱剪定，就会长出纤细的新枝。

第四章 基本作业三 修剪、改植

整枝与造型

或许原本的树形就很漂亮了，但你可通过积极剪定，把树形塑造成自己喜欢的模样。决定造型时要考虑庭园的整体气氛及后续整理的难易程度。

造型树木的自然树形与创作树形

善用树木天然的形状来塑造更具风情的姿态，这种树木造型称为"自然树形"，也就是通过人为剪定使树木呈现出更美的"自然风"。

把树木整理成球状、四角状等大自然中所没有的形状，这种树木造型则称为"创作树形"或"人工树形"。创作树形有玉散形、门冠形等日本自古流传至今的树形，也有从其他各国引进的标准形及装饰形等。

不论哪一种，要保持优美的树形都少不了仔细的剪定作业。作业时应发挥树木原本的性质和形状，并考虑庭园整体的和谐感。

创作树形一定会用到整枝剪。请把它与剪定铗一起交互使用。整枝剪的握柄前端与刀刃之间有5°~7°的倾斜，能方便操作者沿着造型线剪出漂亮的形状。

自然树形

创作（人工）树形

整枝剪的使用方法

整枝剪是整枝时不可或缺的工具。要学会善用整枝剪的表里两侧，一点一点仔细地修整树形。

双手握着剪子柄的末端，以左手固定、右手摆动的方式修剪，这样会比较安定。动作不要太大，一点一点地修剪。

修剪成球形
使用整枝剪沿着球形的弧度修剪。

要修剪成水平
把剪刀持平拿着，就能轻松剪出水平面。

绿篱修剪重点

整枝最具代表性的例子就是绿篱。绿篱是居家空间与道路的界线，也有遮蔽外来视线的功能。此外它还担负着防风壁的任务，并营造了街道景观，让路过的人赏心悦目。不仅于此，它还可以用于分隔庭园空间，以及作为花圃的背景或饰边。

绿篱的特征在于修剪出流畅的线条美感。因此，利落漂亮的线和面就成为修整的重点。

长势较旺的粗枝条一定要剪掉，这样树形才不会零乱。可以的话，一年修两次，在春、秋两季施行剪定。如果用花木来做绿篱，就要配合花芽的生长时期决定剪定的时机。

绿篱如果疏于修整，就可能只有树木的上部伸出枝条，下部则全数枯萎。伸出的枝条会导致绿篱的宽度变厚，甚至还会延伸到道路上。为了不要造成对周围的困扰，要经常留意绿篱的状况，并适时修整。

增添庭园个性的造型树

把植物修剪成动物或几何图案等各式各样的立体造型物，这样的树木就称为造型树。

造型树制作的方法。有利用整枝制作的整枝造型树，让蔓性植物攀爬在框架上的整形常春藤，以及把塑造成动物等形状的框架套在树上，并沿着此框架外形剪掉超出的枝条的筛网造型树等。

造型树也可以自己创作。你也可以在庭园里配置拥有自我风格的造型树，营造热闹欢乐的气氛。

造型树的制作方法

把金属网组合成动物等的形状，当做造型框架，你就可以挑战筛网造型树的制作了。

要准备的东西

造型框架　常绿树（松柏科植物、黄杨木等）

1. 把造型框架套在树上。
2. 用镊子等把长枝条从网子的空隙拉到框架外。
3. 超出框外的较粗的枝条就用剪定铗剪掉。
4. 暂时不用管，等枝条又伸长了，就再重复 ②、③ 步骤。

改植

第四章 基本作业三 修剪、改植

灌木型的花、香草以及观叶植物等，种久了姿态会变得零乱，活力也会逐渐消失。此时应先确认根的状况，或许是该改植了。

▍植物如果种久而不管就会导致养分不足或盘根现象

用花盆栽培的多年生草本植物，必须1～2年改植一次。

土壤长期使用，养分会逐渐用尽，而且在多次浇水后，土壤也会碎裂成粉状，使得排水及透气状况劣化。

此外，根也会越长越长，演变成塞满花盆的"盘根"状态。如果对盘根现象不加以理会，无法再伸展的根就会在拥挤不堪的花盆中受伤。透气性差的土壤也会让植株的根无法呼吸到氧气，进而导致"烂根"。

植物如果烂根，也会影响地上部分的生长。例如长不出新芽，叶子开始枯黄变色等。一旦出现这些情形，就要适时尽早改植。如果植物已长成大株，就建议同时做分株（见第88页）。

改植时，如果希望将来植株能长得更大，就换成大一号的花盆；如果希望大小维持不变，就把它种在原尺寸的花盆里。

▍拆松并适度修剪根系

改植就是替换土壤，以及整理植株。

首先轻敲盆子的上部，把植株拔出来，接着小心拆解根盆，并使土壤掉落。作业时注意不要把根弄伤。如果根盆的上部变硬了，就把周围的土削掉一点。

拆解根盆时，请仔细观察平常不容易看见的根部。有活力的新根是白色的，受伤的根则会变成茶色，腐烂的根更会发黑，而且呈现松弛黏稠的外观。处理时注意不要弄伤白色的根，腐烂的根则要仔细地摘除。

拆解根盆时，如果要换成大花盆的话，要拆下侧的1/3左右；如果要种在相同大小的花盆里，则拆整体的1/3～1/2。并且，较长的根要用剪刀剪掉。

什么情况需要改植

外观变零乱时

长得很茂盛但整体的平衡感变差了，或是下侧的叶子枯萎了却没有长出新叶子。外观变零乱表示盆内也一团乱了。

水难以渗入时

浇水时水迟迟无法渗入土中，表示盆内空间已被根占满，或是土壤粒子变细导致排水性恶化了。

盆底可以看见茶色的根时

如果根从盆底的排水孔内跑出来了，或是从孔内可以窥见根变成茶色，说明盆内的空间已被根占满，甚至有些根已经受伤了。

根切掉多少，地上部分也应除去相同的比例

根整理好之后，再用新土依照一般的方法定植。重点是，为了使植株顺利长出新根，一定要在根与根之间填满土壤，不要留有空隙。

还有，地上部分也要修剪。因为根减少了，那部分可以吸收的水分就没有了，所以也要减少从叶子蒸发出去的水量。如果根切掉了1/3左右，那地上部分也应除去约1/3；如果根切掉了1/2左右，那地上部分也应除去约1/2。如果该植株为地上部分并不茂盛的观叶植物，就只除去枯萎的枝叶即可。

切除的方法与修剪（见第74页）相同。

暂时避开阳光直射

改植后要浇入大量的水，直到水从盆底流出来，然后将它放在不会受到阳光直射的明亮处管理。等新芽长出来了，再将它移到适合的环境中。

日常浇水依照一般的方法进行，等新芽长长了，再施加缓释性肥料或液态肥料。

何谓"大一号的花盆"

花盆有用来表示大小的编号（见第132页）。对4号盆（口径12厘米）而言，5号盆（口径15厘米）就是大一号的尺寸；对7号盆（口径21厘米）而言，8号盆（口径24厘米）就是大一号的尺寸。

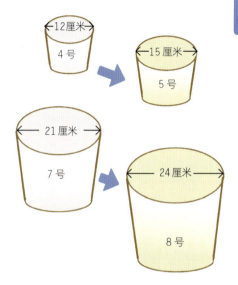

为什么只能"大一号"呢

盆栽土壤会因为频繁浇水而碎裂，就算用了团粒构造很好的土壤（见第126页），颗粒也会随着一次次的浇水而变细。植物改植的时机虽然是以"根已长满盆内"来判断，但如果换到太大的花盆里，土壤变旧的速度就会超越根生长的速度，到时候土壤透气性和排水性就会变差，植物就会长不好。所以改植时新盆还是以大一号的尺寸为宜。

此外，植株种于太大的花盆时，根会有急速伸展的倾向，在植物的根部迅速发育的同时，地上部分也会跟着快速发展，然而在茎和叶不断发育的这个期间，植株会不容易开花。也就是说，花盆太大的话，就会只有植株长大，花朵和果实却并不多。

改植的适期

改植是有适期的，改植的时间不对，根就会长不好，甚至会整株枯萎，因而请耐心等到适当的季节再改植。

宿根草花

基本上，在春天到初夏开花的草花，以秋季10月前后气温变冷之前为改植适期；夏季至翌年早春开花的草花，以春季的3～4月为适期；四季都开花的草花则是以春季或秋季为适期。

花木、灌木、香草类

落叶树要在叶子掉落的休眠期，也就是晚秋到早春之间改植。常绿树一般是在3～4月间改植。香草类以春天开始发芽前的晚秋到早春为适期。

原产于热带的观叶植物

扶桑花、圣保罗堇、兰花等的盆花，以气候渐暖的4～5月为适期。叶类植物及常绿树，以气温及湿度较高的5～6月为适期。两者都要避开严寒时期。

改植适期表

※ 也有例外的植物，具体操作时注意

种在相同尺寸的花盆里

第四章 基本作业三 修剪、改植

如果不希望植株生长得更大,可把根整理好并种在相同尺寸的花盆里。图为要改植的百里香。

要准备的东西

要改植的植株 颗粒土(赤玉土大粒)培养土 基肥(缓释性化学肥料)

1 把植株从旧盆中拔起来。若因盘根而不太好拔,可边敲敲花盆的上部,边慢慢拔出。细根长满了整个空间,茶色的根是受伤的根。

2 用细棒子边拨掉下方的泥土边把根拆松。根盆的上部也从周围开始拆解。放入新盆时周围还要填入培养土,所以要拆到剩1/3左右。

3 把太长的根剪掉。

4 在洗干净的花盆底部填入颗粒土,再加入培养土,以覆盖颗粒土的分量为准。接着放入基肥,再加入培养土,轻轻混合。

5 放入植株,边考虑留水口(见第31页)调整高度,边填入培养土。途中要插入棒子并轻轻地震动,使土壤确实填入根的缝隙中。

要点

修剪时要留下芽

有芽的话,就会很快长出叶子。修剪时要在紧邻芽的上方剪断。狠下心来整枝才会冒出更多更好的芽。

先改植再修剪

如果先修剪再改植,那么在改植过程中很可能会因为碰到切口而导致植株受伤。所以务必先改植然后修剪。

6 把所有的枝都剪短。从外侧开始,在距离根部最近的嫩芽上方剪断。

7 都剪好了!最后浇入大量的水。

依相同方法改植迷迭香

枝条枯老零乱的迷迭香也可用上述的方法改植。修剪至靠近根部的芽上方。

第四章 基本作业三 修剪、改植

改种在较大的花盆里

第四章 基本作业三 修剪、改植

已经盘根的扶桑花。根要整理，上部也一定要修剪。花盆换大一号的，植株就会长得比现在更大。这里要改植的是

要准备的东西

改植的植株 大一号的花盆 颗粒土（大粒赤玉土）混入基肥的培养土

1 把植株从旧盆中拔起来。不好拔时，用锤子轻敲花盆的边缘即可。根沿着花盆内侧长得密密麻麻的。

2 用细棒从下侧开始把根拆松。由上而下移动细棒进行拆解，注意不要把根弄伤。

3 根盆的上部也一样，边把土壤拨落，边从周围开始拆解。拆好全部的1/3左右就可以了，再把拆好的根剪掉。

4 在新盆的底部先填入颗粒土，再填入培养土。

5 放入植株，考虑好留水口（见第31页），调整高度，放入培养土。

6 操作过程中要插入细棒并轻轻地震动，使土壤填满根与根的空隙。

7 种好之后就把枯枝和有叶子的枝剪掉。如果不剪短，就会只有上方茂盛，下侧都不长叶子。较长的枝剪到剩1/3左右。

8 最后浇入大量的水。

剪下来的枝条可以用来扦插（见第58页）。

观叶植物的改植

长期摆饰的观叶植物必须两年做一次改植。如果长期不改植，不仅会导致盘根，下侧的叶子也会枯黄，甚至可能会烂根。这里介绍的就是一株已经烂根的千年蕉的改植。

要准备的东西

改植的植株　大一号的花盆　颗粒土（大粒赤玉土）　培养土　基肥（缓效性化肥）

1 把植株从旧盆中拔起来。土壤中充满了受伤腐烂的茶色根，但也能看见几根健康的白色根。用细棒从下侧开始拨落土壤把根拆松。

2 老根一碰就剥落了，把它们全部除去。注意不要伤到健康的白色根，拆解到剩1/3左右。

3 根盆上部的旧土壤也要仔细拨落。

4 在新盆的底部填入颗粒土，再铺上培养土以能覆盖颗粒土为准。接着放入基肥，再加入培养土，轻轻混合。

5 边用手扶着植株，边填入培养土。其间要插入细棒并轻轻地震动，使土壤填满根与根之间的空隙。

6 把枯萎的枝条和下侧的叶子摘除，最后浇入大量的水。

要点

不要伤到白色的根

植株就算烂根了，只要还有健康的白色根，它就可以恢复元气，所以注意不要弄伤白色根。

叶子末端如果枯萎了就要修剪。

如果放着不管，它就会继续枯萎下去，所以要用剪刀剪掉枯萎部分。从左右两侧斜斜地剪，叶子会比较好看。

第四章　基本作业三　修剪、改植

分株

长大的宿根植物在改植时要顺便分切成较小的株丛。这些会伸出地下茎或走茎的植物，它们都会越长越长，最后会变得太过茂密，所以在改植时要做分株。

第四章 基本作业三 修剪、改植

宿根植物每3～4年就要挖起来分株一次

宿根植物如果种下去就不管了，年复一年植株就会长得太大，叶子也会太过茂盛，最后会互相争夺营养，就算是地植，开花的状况也会变差。不仅如此，下侧的叶子也会枯萎，整体外观不复往日之姿。

因此，变大的植株3～4年就要挖起来一次，把植株分切开来重新栽种。

分株是简单的繁殖

分株有时是为了繁殖而进行的。虽然它不能像插枝、插芽（见第58页）那样一次繁殖很多，但因为有根，所以成功率较高。

会从植株长出匍匐茎或在地面下横向长出吸芽（又名吸枝）的植物，只要把长在匍匐茎末端的子株或吸芽切下来种，就会长成新株。

分株可以让老化的植株重发新生。所以盆栽植物在改植（见第82页）时要视植株的状况做分株。

取出来的植株可以用手撕开，或是用刀子等分切根部。刀具在使用前要先用火烤一下刃部进行消毒（见第59页）。

分株后的小株移植后依常规的方法管理。

反过来说，这些植物生命力非常强盛，如果用地植的方式长期栽种，它们就会自己不断繁殖。应定期检查并在必要时切除。如果原本的母株已不再有活力，也可以换子株来种植。

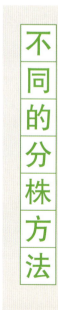

不同的分株方法

匍匐茎分株
草莓、吊兰等会从植株长出一种称为匍匐茎的藤蔓，可以把长在该藤蔓各节上的芽切下来定植。

新芽分株
从植株根部冒出的新芽可分株繁殖。非洲菊、圣诞玫瑰、樱草属植物、白鹤芋等都可通过撕开新芽来分株。

吸芽分株
吸芽（又称为吸枝）可见于菊类和莓类，指在土壤中横向生长的枝条末端的芽露出地表的部分。可以此做分株。

非洲菊的分株

非洲菊的小盆栽广受欢迎。在它长大须改植的同时做分株。

要准备的东西

需分株的植株 几个新的小花盆 颗粒土（大粒赤玉土）培养土 基肥（缓释性化肥）

1 把植株从旧盆中拔起来。这个植株有5个芽，可分切成5份。

2 用刀子稍微切开。

3 用手撕开。

4 一株一株用细棒拨落土壤把根拆松。

5 在新盆的底部先填入颗粒土，再铺上培养土，以刚好能覆盖颗粒土为准。接着放入基肥并轻轻混合。

6 放入植株并用手扶着以免倾倒，考虑留水口（见第31页），调整高度并填入培养土。其间要插入细棒并轻轻地震动，使土壤确实填满根与根之间的空隙。

7 所有的植株都定植好之后就浇入大量的水。

要点

定植时让新土在上

原本的植株是用旧土一直种到现在的大小，定植时需要加入新鲜的土。扶着植株并在旧土上覆盖新土，直到看不见旧土为止。

火鹤的分株

作为观叶植物,「火鹤」火红色的花朵令人印象深刻。但它一旦盘根,开花状况就会变差,所以每隔2～3年就要做一次分株。

要准备的东西

需分株的植株 几个新的小花盆 颗粒土(大粒赤玉土) 培养土 基肥(缓释性化肥)

1 把植株从花盆里拔起来,约均分成3份。

2 用细棒拨落泥土把根拆松。

3 再分成更小的株。不必管有没有根,只要把每个小块分出来就行了。

新根

4 在紧邻新根的下方把较长的根或旧茎切断。

5 分好的株。火鹤1株只会开一朵花,所以每盆种3株。

6 在新盆的底部填入颗粒土,量要稍微多一点,再填入培养土和基肥并轻轻混合。放入植株,手扶着填入培养土。其间用细棒插入根与根之间搅动,让土充实根间。最后轻压植株的基部使其稳固。

7 全部都定植好之后,浇入大量的水。

要点

母株与小株请分别栽种

基部长得像山葵似的就是母株。母株已老化了,生长速度会和其他植株不同。还很小的子株生长速度也很慢,宜另外栽种。

匍匐茎分株

这里介绍草莓的匍匐茎分株,在开花前把伸出的匍匐茎切掉。地植的话放着不管它也会触地生根。

1 从植物基部长长延伸出来的就是匍匐茎。末端还长出了子株。

走茎

2 把匍匐茎从根基部剪断。

3 把子株切离,除去下侧的叶子并弄干净。

根

4 在盆子里装好土,把根部埋在土里。

吸芽分株

这里介绍用鹿蹄草在地下攀爬延伸的吸芽进行分株。如果植株是种在宽广的地方,芽会长在与母株有点距离的地方。

1 把植株从花盆中拔起来,可以看见吸芽像根一样缠成一圈一圈的。

芽

2 把吸芽拉起来,剪下约5厘米,末端粉红色的部分就是芽。

3 在小花盆中填入培养土,把切下来的吸芽并排放置。

4 放入约5毫米厚的培养土并铺平,浇入大量的水。

第四章 基本作业三 修剪、改植

分球

球根植物种久了，就会在地下自动分开并继续繁殖。但它繁殖太多的话会不容易开花，所以届时要把它们挖起来分开种。

把自然分开的球根挖起来移植

球根植物主要是以把球根分开的方式进行繁殖。这种方法称为"分球"。

对日本气候适应良好的水仙、铃兰水仙、葡萄风信子等如果以地植的方式栽种，就算种着不管，也会每年开出漂亮的花。但经过4~6年后土壤里的球根就会因为自然的分球而变得拥挤不堪，叶子的颜色会变丑，球根也会变得细瘦。此时就要挖起来，以适当的株间重新定植。

怕热、怕湿、怕冷的球根，如果种着不管，隔年就不会开花了。怕热的郁金香、风信子，怕冷的大理花、剑兰等，都要在酷暑或严寒来临前挖起来。

起挖的时机基本上是花期后、叶子枯萎2/3时。挖起来之后球根就放在日阴处晾干，等叶子干燥之后把球根切下来，并把球根个别放入纸袋或网袋中，在定植之前存放在不受日照的场所。

挖起来的大理花球根。大理花怕冷，所以要在降霜之前挖起来，放在湿的泥炭苔或赤玉土中保存，不可冷冻。

孤挺花要等长出很多子株之后分球

常被当成盆栽贩卖的孤挺花在种了几年之后，长出的子球就会占满花盆，导致开花状况变差。此时就要进行改植并分球。适期为花期后的5月或10月。但适度的盘根可让开花状况更佳，所以不要每年分球。

球根的繁殖方法

球根的形状有很多种，繁殖方法也有好几种。其中最具代表性的是以下三种。

切断分球

旧茎的根部会长出像甘薯一样的子球。把子球切下来即可。大理花和陆莲花就属这种类型。

连芽一起切下来

子球

自然分球

子球长在母球的旁边，长大后会自然分球。郁金香和水仙就属这种类型。

子球（新球根）
木子
母球（旧球根）

木子繁殖

旧球根的上方会长出新球根，然后再长出名为木子的小球根。木子可用来繁殖，虽然要花好几年的时间，但它也会冒出芽。剑兰和番红花就属这种类型。

孤挺花的分球

它大多被种在小花盆里贩卖。孤挺花会在春天开出盛大美丽的花朵，适度的盘根可让开花更美，如果花盆被挤满了，它就必须分球了，所以

子株往四周繁殖生长，塑料盆被挤到变形了。

1 边拿着植株边用锤子敲一敲花盆的边缘，取出植株。然后用细棒由上而下拨落泥土把根拆松。

2 用手剥开，分成一球一球的，用细棒仔细除去根部缝隙间的泥土。

3 分球完成！用比球根大一圈的花盆定植。

4 在盆的底部填入颗粒土，再填入培养土，以能够遮盖颗粒土为准。再加入基肥、培养土，轻轻混合，并使培养土在中央形成山形。摆上根部摊开的球，使球根的2/3左右高出土表。

5 填入培养土，其间要插入细棒搅动，使土壤填实各根之间。

6 最后浇入大量的水。

要点

让培养土填满根的缝隙

没有土，根就不会伸展。因此把各根之间的空隙填满是很重要的。这就是为什么要在放入球根前先使土壤隆起成山形的原因。

花盆要选小一点的

花盆太大就会容易生出子株，而有了子株开花就会变差。球根距离周围有2~3厘米的宽度就够了。

2~3cm

第四章 基本作业三 修剪、改植

酢浆草的分球

第四章 基本作业三 修剪、改植

这里介绍的是以自然分球的方式繁殖酢浆草。酢浆草数年内种着不管也没关系，等花盆变拥挤了就挖起来分球。

变得有点拥挤的酢浆草盆栽。

1 从旧盆中拔出植株。用细棒把泥土拨落，注意不要伤到球根。

2 用手仔细地把根盆剥开、分散。叶子掉了也没关系。

3 以3~4个球根为一组分开。

4 在花盆内填入七分满的培养土，放入一组球根。

5 边扶着球根边覆盖上培养土定植。

6 浇入大量的水。

第 五 章

基本作业四
日常管理

浇水

浇水对植物必不可少，但太多太少都不好。应了解浇水的作用并习惯正确的浇水方法。

水对植物而言是不可或缺的

水分占植物体的一半到八九成，是植物发芽、生长不可或缺的要素。水对植物而言其作用并不是单一的。根从土里吸收水分时，会连土壤中的各种养分也一并吸收。此外，吸收进来的水分经由导管送至叶部，然后和二氧化碳共同利用光合作用转换成植物所需的营养，由此制造出来的养分则送到植物体内的各个角落，作为成长的粮食。

地植的植物本来是不需要浇水的，因为植物会自行把根伸入土壤深处去探吸水分。但植物种在花盆里却无法做到这一点。自然生出的植物，待在适合的环境中就会自行生长繁殖。而被人类栽种的植物就没有办法做到这点，它们一定要配合其需求浇水、施肥和调整环境才行。

"干了就浇入大量的水"这是最基本的原则

正确的浇水时机是土壤的表面泛白时，作业原则为"干了就浇入大量的水"。如果土壤还没干就每天浇水，花盆里就会一直潮湿。如此一来，氧气就会不足，根就会无法呼吸。如果这种状态一直持续，植物就会烂根。为了维持植物的健康，没有水的干燥期也是必要的。让水很多的状态和干燥的状态交互轮替是很重要的。

浇水的量要多一点，要浇到水从盆底流出来为止。浇水还有把水里面的新鲜空气压在土中，淘汰滞留在土里的旧气体的作用。浇水时要使盆内积水，就像是帮花盆盖上盖子似的，然后随着水面渐渐下降，旧空气和水就会从盆底被挤出去。流出的水不要积在盘子里，一定要把它倒掉，让盘子空着。

一般的浇水是不需要用散水器的。只有在需要像淋浴般以细水柱给幼苗浇水的场合才必须用散水器。

太常浇水的话，土壤表面会结成硬块，这样水分就不容易渗入土中了。此时应用细棒等在土壤表面轻戳，把土弄松。

通过浇水更新土壤里的空气

浇水时浇入大量水覆盖土表，把积在土中的旧水和气体挤压出来，这样就能达到更新盆中空气的目的。

基本的浇水方法

基本的浇水方法就是『土干了就浇入大量的水』。要熟悉正确的浇水方法让植物健康成长。土不干就浇水反而会让植物变弱。

1 把浇花壶的散水器拿掉。全面地浇，但只浇土就好了，尽量不要碰到叶子。

2 让水覆盖整个土表并蓄积约1厘米深。就像是替花盆盖上盖子一样。

3 要一直浇到看见盆底流出大量的水为止。

注意① 水尽量不要碰到花和叶子

如果花草很茂密，一定会碰到水时，就把手靠在注水口边，让水流变和缓。

注意② 帮幼苗浇水时要使散水器朝下

刚移植的幼苗等，因土壤还很松，根不太稳定，浇水时要使散水器朝下，并在较贴近苗的距离洒下细水柱。

注意③ 刚播种后请用腰水的方式补水

刚播种的花盆如果直接用浇花壶洒水的话，种子可能会随着水一起流走。请把花盆放在盛了水的盘子里浸泡的方式补水（腰水）。

要点

浇水过度会引起烂根

初学者最常失败的原因就是浇太多水。花盆里一直湿湿的，土中的氧气就会不足，导致根部腐烂。一旦发现烂根，就要把黑色的腐烂部分除去，并移植到新土中。

第五章 基本作业四 日常管理

■ 夏季请在气温较低的早晚浇水

夏天浇水一定要特别注意。浇入的水很快就会干了，所以要频繁地浇水。虽说基本上也是"干了就浇"，但和其他季节比起来，夏季土壤变干的周期缩短了很多，所以每天都要检查土壤的状况。

土壤太干了不行，但老是湿漉漉的环境对植物也不好。应在花盆底下铺竹垫等加强通风，防止花盆内部闷热。

夏季浇水要在早晚进行，避开正午的暑气。如果在正午浇水，土壤中的温度会升高，变成像是蒸气室里的状态，这样会伤到植物最重要的根。即使很在意干燥的土壤，也务必忍耐。如果是盆栽的话，就把它移动到日阴处或凉爽的场所，然后等气温下降后再浇水。

另外，如果当天连夜晚也会很热，就在傍晚浇水时把植物的周围也淋湿，这样周围的温度就会下降，有一举两得的功效。

■ 冬季要把浇水的次数减到最低

冬季要在太阳升起后的正午前浇水。如果在气温较低的早上或傍晚浇水，寒冷就会对根部造成极大的负担。要避免使用刚从水龙头流出来的冷水，最好用先盛好并放置了一段时间的水来浇。冬季多数植物都进入休眠期，浇水次数也要减到最低。应在土壤表面显得泛白干燥之后再等两三天才浇水，这样刚刚好。

如果是小盆栽，可拿起来掂一掂感觉变轻了再浇水。频繁地浇入过多的水，积在盆里的水就会使植物受寒，甚至导致烂根。这点务必注意。

配合季节浇水

浇水的方法因季节而异。特别是气温超过30℃的盛夏，更要多注意，不要造成植物的负担。

 夏

早晚浇水

夏季要在较凉爽的早晨和傍晚浇水。如果在炎热的正午浇水，土中的水就会变温，造成根部损伤。

把周围淋湿降低温度

浇水时顺便把周围的地面淋湿以降低温度，这样植物会比较舒服。

冬

尽量少浇水

很多植物冬天都会休眠，所以尽量减少浇水次数。可把盆栽拿起来掂一掂，感觉变轻了才浇水。

先盛好水并放置一段时间

冬天从水龙头取得的水太冷了，应先盛好并放在室内一段时间，然后才浇水。

观叶植物要喷叶水防止干燥

用喷雾器在叶子上喷细细的水雾就叫做"喷叶水"。多数种在室内的观叶植物如果能在常规的浇水之外再补充叶水，就会更加生机蓬勃。直接在叶子上喷水不仅能让沾在叶子上的灰尘掉落，同时也能防止植物干燥。此外，叶水还能赶走厌水的叶螨。

冬季期间，尤其是开了暖气的室内，空气干燥。如果湿度下降到50%的话，要在叶子的表里两侧喷水。

但用花盆栽培的树木则另当别论。因为花盆很小，树木得不到充足的水分，所以要视土壤的状况，和其他植物一样"干了就浇"。

地植的庭木不需要浇水

庭木基本上是不必浇水的。夏季的酷暑时期也只要用加了散水器的水管浇叶水和打湿周围就好了。强行浇水可能会引起腐烂。

外出期间就用覆盖或底面给水的方式补水

除了夏天，如果预定要出门2~3天的话，只要把花盆搬到日阴处就不会有什么大问题。如果还是担心的话，就把润湿的报纸或水苔铺在泥土上做覆盖。

另外，在底盘里盛水，以浸水的方式补水也很有效果。但夏季期间水会变温，可能会伤到根，这点要注意。其他还有在盆底塞入织物等从下方补水的底面给水法。

第五章 基本作业四 日常管理

外出期间的浇水

外出期间要从防止土壤干燥开始着手。外出前请务必做好准备，以免心爱的植物枯萎了。

移到日阴处

首先请立刻把盆栽搬到通风良好的日阴处。这样可以抑制水分蒸发，拉长与下次浇水的间隔时间。

用报纸覆盖

在土壤上铺水苔或腐叶土，这种覆盖法对防止水分蒸发也很有效果。如果没有水苔的话，也可以用润湿的报纸代替。

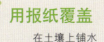

底面给水法

对于耐湿植物，可在盆子里盛1~2厘米的水，以腰水的方式补充水分。也可以采取底面给水法。

培育植物的环境

植物的生长状况大受其生存环境所左右。应在日照、温度、通风等各方面，用心营造适合植物生长的环境。

日照时长也会影响植物的生长状况

太阳的光线会影响植物的生长周期。例如菊花和大波斯菊等会借由日照时间的缩短感知秋季的来临并开花。这种植物称为"短日照植物"。相反地，感知到日照时间变长而开花的油菜和菠菜等则是属于"长日照植物"。圣诞红虽然是短日照植物，但听其自然的话并不会在圣诞节期间变红。一般的做法是在盛夏时就慢慢缩短植物的受光时间，让植株刚好在圣诞节期间变红。

另外，牵牛花、长寿花、螃蟹兰、虎尾兰等也是短日照植物的成员。长日照植物则还有矮牵牛花、金鱼草、洋桔梗等。

植物成长不能没有阳光

和水一样，阳光也是植物成长时不可或缺的要素。人和动物是通过进食来补充成长所需的养分，植物则是通过光能把水和二氧化碳转换成营养源并制成养分。这个机制称为"光合作用"。

光合作用是由植物中的叶绿体来执行的。植物的绿色就是叶绿体中的叶绿素的颜色。植物会设法伸展茎叶使其面向光源以便接收光能，窗边的植物会倾向阳光的方向伸展，如向日葵会随着太阳的运行改变方向。

每种植物需要的光量不一样

植物需要的光量会因种类而异。例如，向日葵、郁金香是需要大量光照，如果把它们放在日照不佳的场所就会失去生气，这种植物称为"强光性（或阳光性）植物"。与此相反，有些植物放在日照太好的地方反而会失去生气，只要一点点光也能活得很好，这些植物称为"弱光性植物"，如紫阳花、栀子花。此外，还有介于中间、喜欢柔和日照的"中光性植物"。了解要栽培的植物是属于何种类型，然后把植物定植或配置在适合的环境，这是让植物茁壮成长的秘诀。

切实了解庭园和阳台的环境

即使是同样的植物，培育方法也会因种植场所的环境不同而大不同。首先要仔细观察了解庭园、阳台的环境。依房屋的朝向、周围的建筑物，以及居住的区域不同，有各式各样的环境。一天当中日照的变化，乃至于1年间的日照、温度、通风状况等都要仔细观察。

一般认为南侧和早晨可以受日照的东侧是最适合植物生长的方位。但不需要太多光线的弱光性植物种在北侧也可以。而强光性植物则能在西晒很强的场所健康成长。如果是盆栽的话，就可以配合太阳的运行移动花盆的位置，以调节光量。

正确掌握自家庭园或阳台的环境，栽种适合该场所的植物，植物就自然会长得很健壮，日后管理也很简单。

植物的需光量

喜欢强光的植物（强光性）

除了盛夏的直射日光，一整年都喜欢晒太阳。

- ⊙矮牵牛花 ⊙非洲菊 ⊙郁金香
- ⊙万寿菊 ⊙大波斯菊 ⊙蕙兰
- ⊙菊花 ⊙圣诞红 ⊙向日葵

喜欢柔和光线的植物（中光性）

夏天喜欢待在日阴处，冬天则喜欢晒太阳。

- ⊙圣保罗堇 ⊙秋海棠属植物 ⊙非洲凤仙花
- ⊙报春花 ⊙石斛兰 ⊙君子兰
- ⊙黄金葛 ⊙常春藤

喜欢待在日阴处的植物（弱光性）

除了冬天以外尽量不要晒太阳比较好。

- ⊙紫阳花 ⊙栀子花 ⊙台湾山菊
- ⊙鱼腥草 ⊙虎耳草 ⊙蕨类

庭园的日照及环境

庭园的日照状况也会受周围的环境影响。请先考虑周围建筑物阴影的移动情形等，再决定适合栽种的植物。

北侧：常会被自家房屋遮住日照的北侧可以配置弱光性植物。如果是可以移动的盆栽，可偶尔移动一下使植物接受日照。

西侧：午后会晒到太阳的西侧最适合种喜欢半日阴的中光性植物。但夏季的西晒很强烈，一定要做好遮光防护。

东侧：上午可以沐浴在和煦的阳光中，这是非常适合植物生长的环境。但如果东侧有屏蔽物或建筑物就容易湿气过重。

南侧：光线最充足的环境，强光性植物种在这里最适合了。但要注意夏季的强烈日照和高温。这里也是最容易干燥的场所。

阳台的植栽配置要领

第五章 基本作业四 日常管理

在阳台配置植栽时，要先确认好哪个位置、在哪个时间段会晒到太阳，再依此配置盆栽。

挂在半空中的吊篮式盆栽通风性良好，但有些位置会比较晒不到太阳。

最容易晒到太阳的位置。但夏天的阳光很强，要特别注意。

即使位置相同，也要考虑高度对日照量的影响。

对植物而言，阳台并不绝对是舒适的环境。一般来说，阳台日照较强且容易干燥，而且通风性也比庭园差，所以很容易发生病虫害，这点务必注意。

水泥很容易聚热，盛夏时阳台的温度甚至会接近50℃。要利用竹垫或花架等改善通风性。

大型植物的阴影处是能照到柔和阳光的半日照场所。

围墙的附近几乎晒不到太阳。

要点　围墙的材质与日照

围墙的材质、形态也会影响日照。光线不足时，就要把花盆放在较高的位置或采取其他办法。

毛玻璃围墙
变成有柔和日照的半日照场所。

水泥围墙
围墙边完全晒不到太阳。

栅栏式围墙
透过缝隙洒入充足的日光。

■ 营造接近原产地的温度和湿度

除了要注意光线之外,环境的重点还有温度和湿度。植物喜欢的环境就是其原产地的气候。

因此,适合植物生育的"生育适温"就是接近原产地的温度。比这个温度低或是比这个温度高,都会导致植物枯萎或进入停止生长的休眠状态。

原产于沙漠的植物和出生于热带雨林的植物虽然生育适温相同,但喜欢的湿度却不一样。要通过改变浇水频率等方法,尽量营造接近该植物原产地的气候,创造让植物感到舒适的环境。

■ 适度受风能让植物健壮

受屏蔽物遮蔽的阳台和庭园通风性都不会太好。植物的枝叶如果能在生长过程中适度受风摇摆,其节间就会更紧实,整体也会更强健。反之,如果让植物长期待在吹不太到风的地方,它就会容易长得纤细虚弱。

此外,吹风也可以避开闷热这个会导致病虫害的因素。如果是盆栽的话,要偶尔移动一下位置让植物适度受风。

室内盆栽的注意事项

放在日照良好的场所

除了弱光性植物以外,请尽量把植物放在窗边等日照良好的场所。如果把它们放在晒不到太阳的玄关,植物就会变虚弱。

避免放在电器旁

植物要避免放在暖气房或冷气房的出风处。电视等电器的旁边也容易干燥,并不适合摆放植物。

判断风的流动

除了日照之外,通风对植物也很重要。通风良好,不仅能让植物健壮,还可防止闷热、预防病虫害。

庭园

有时候被认为是日照最好的地方,其实却是北风的通道。风的走向会影响周围的环境,请仔细观察周围的情况。

阳台

如果前面是围墙,风就只会通过上部。要利用花架或挂篮等,尽量把盆栽设置在较高的通风位置。

肥料

想让植物大量开花或结出甜美的果实，肥料是不可或缺的。施放适当肥料，植物会充满生命力。

植物生长的必要养分——氮、磷、钾

用花盆栽培时，土壤的量会有限，植株必然会养分不足，于是要补充必要养分。此外，就算是地植，植物开花、结果时也很容易养分不足，也要适时补充肥料。

植物在生长发育时主要需要右表中的16种养分。氧、氢、碳可以从空气和水中取得，其他的养分则要从土壤中吸收。植物从土里吸收的养分中，需要量较大的有氮、磷、钾这三种，称为"肥料三要素"。

氮是植物生长发育最重要的成分，是长叶子和茎时不可或缺的。磷是开花、结果时的必要养分，钾则主要担负着让根和叶子健壮强韧的任务。

植物需要的养分

从空气和水中取得的成分

| 氧 | 氢 | 碳 |

从根部吸收的养分

三要素

| 氮 | 磷 | 钾 |

次要要素

| 钙 |
| 镁 | 硫黄 |

微量要素

铁	锰
硼	锌	钼
铜	氯

肥料三要素的功能

植物生长所必需的养分中，最重要的就是氮、磷、钾这三要素。要配合目的选择并施用肥料。

磷（P）
磷是植物生长、开花、结果时最重要的养分。不足时叶子会太小，花和果实的数目也会减少。

氮（N）
对茎和叶子的生长发育最为重要，不足的话叶子变成淡黄绿色，发育不良。

钾（K）
帮助活化光合作用，并使根和叶子更强韧。同时还能提高植物抵抗病虫害的能力，不足时植物会容易生病。

第五章 基本作业四 日常管理

■ 肥料分为有机肥料和化学肥料

肥料有从动、植物取得制成的"有机肥料"，和以石油、矿石为原料经化学合成的"化学肥料"。还有这两种混搭的"混合肥料"。

有机肥料的组成元素包含"油粕""骨料""鱼粉""鸡粪"和"草木灰"等。它是用上述元素以各式各样的配方混合而成的。

有机肥料必须经过土壤中的微生物分解之后才能被植物吸收，所以特征是效果比较缓慢。一般而言，所谓"有机栽培"就是指只用有机肥料来栽培。有机肥料会发出独特异味，所以并不适用于摆在室内的盆栽。但建议栽培蔬菜水果而不想用化学肥料的人可以使用它。

化学肥料是将无机质原料利用化学方法生产出来。化肥包含植物所需的各养分，并以适当的比例调配而成。它没有异味而且使用方便，是当前家用肥料的主流。它有各式各样的效果和形状，也有个别植物专用的产品，因此容易选择。

■ 基肥与追肥

施肥的方法分为定植时施放的"基肥"和在生长过程中随时补充的"追肥"。基肥要用效果稳定且能持续作用的"缓释性肥料"，有机肥料多属于此种类型。化学肥料则分有"缓释性"和"速效性"两种。

用花盆栽培植物时，追肥是非常重要的。盆栽由于频繁浇水的缘故，肥料很容易流失，所以必须要适时补充肥料。

■ 各种肥料及其施肥方法

肥料有粒状、粉状、块状及液态等各种类型。

基肥是先把粉状或粒状的肥料以混入土中或集中埋在植株下方的方式施放。

把块状的肥料摆在植株周围的"置肥"，和把小颗粒或粉末洒在土上，主要都做追肥。每次浇水，肥料就会溶解并渗透至土壤中。

第五章 基本作业四 日常管理

肥料的种类

肥料主要可以分为两大类，由动植物的原料制成的有机肥料和从无机物化合而成的化学肥料。

有机肥料

以有机质为原料制成的肥料。它们必须经由土壤中的微生物分解之后，效果才会显现出来。

有机肥料（粒状、粉状）

粒状或粉状的有机肥料一般用作混入土中的基肥。

有机肥料（块状）

由几种有机肥料混合、发酵、固化而成。主要作为追肥用的置肥。

化 肥

把植物所需的成分依适当比例配方制成的化肥。有速效性和缓释性两种。

缓释性化肥

把化学合成的肥料用高分子膜包起来。效果会缓慢且持续地显现出来，主要用于基肥。

速效性化肥

能迅速显现效果的化肥。主要用于追肥。

液态肥料（速效性）

即液态的化肥。效果快速，一般将之溶于水中作为追肥使用。

105

在生长最盛期，施放速效性化肥的量要少一点，约10天1次，施放缓释性有机肥料20～30天1次。

盆栽的追肥建议使用速效性液态肥料（液肥）。生长最盛期每周1次代替浇水加入盆中。几乎所有的液肥都是以原液的形态贩卖，应稀释成指定或更淡的浓度后再施用。不光是液肥，任何种类的肥料如果一次放太多，都会导致根部因肥料过多而受伤，称为"肥料烧伤"。

■ 肥料中氮、磷、钾的比例

选择肥料要考虑的还有肥料中所含成分的比例。肥料的包装袋上会有"8-8-8"或"5-10-15"等3个数字并列的标示。它表示以肥料全体为100单位时，其中所含氮（N）、磷（P）、钾（K）的比例（重量）。

幼苗还很小的时候，要施放氮含量较高的肥料，因为氮对茎、叶生长是必要的养分；准备开花结果时，要施放磷含量较多的肥料；花期后或收成后，要选择钾含量较多的肥料，为来年的发根作准备。

如上所述，在植物不同的生长过程，应施用不同种类的肥料。适当地使用肥料，这也可说是让植物成长的秘诀之一。

■ 开花结果后要给予寒肥和礼肥

和草花比起来，树木根部已伸展至地底深处，且有大量叶子进行光合作用，它们比较不需要施肥。但是花木和果树在开花、结果的时期会耗掉非常多的养分，导致营养不足，因此必须施放"礼肥"，让树木恢复生长气势，为来年作准备。礼肥使用速效性化肥最有效。方法是在花期或收成期结束后，在树冠下方全面施放。

另外，在12月～翌年1月的严寒时期施用"寒肥"，可以为春天的发芽补充足够的营养。寒肥用的是有机肥料，施肥方法则是环状施肥等。

■ 用花盆栽培的树木必须施肥

用花盆栽培的树木绝对需要施肥。浇水会使肥料成分流失，所以请长期一点一点地施放缓效性肥料。

读懂肥料的成分比例

印在肥料包装上的3个数字依次为以肥料全体为100单位时，氮（N）、磷（P）、钾（K）的成分比例。

庭木的施肥

对花木及果树施肥，具有优化果实及花朵的效果。此外，土中养分经常不足的盆栽也必须施肥。

寒肥（环状施肥）

配合春季发芽，在12月～翌年1月间施放的肥料称为"寒肥"。方法是在枝条末端的正下方挖环状的沟渠，然后把有机肥料施放进去。

盆栽的施肥

盆栽的树木要使用缓释性肥料或定期施用液态肥料。

施肥的方法

定植和改植时最初施用基肥，之后在生长过程中追加肥料称为追肥。

施肥的方法会因肥料的形状而异。

基肥

施基肥有两种方法，一种是把肥料混入全部用土中，另一种是把它混入植株下方土壤中。应按照肥料袋上的说明进行施肥。

混在土中

如果要把肥料混入所有用土中，使用塑料袋操作会比较方便。以 3~5 克每升的比例混合，但请以肥料袋上的指示为准。

埋在下方

先把肥料混入盆底的土壤中，再把幼苗定植在上面。应注意肥料不能碰到根部。

追肥

追肥的方法也有两种，一种是把肥料摆在植株周围土壤上的"置肥"，另一种是把液肥溶于水后再使用。应视植物的生长状态施用。

置肥

大颗粒的肥料可摆在花盆的边缘，不要让它们直接接触到植物，也不可埋入土中。

液态肥料

它可用指定量的水稀释，浇水时顺便施肥。它效果短暂，所以必须定期施用。

要点　肥料太多太少都不行

肥料太少的话，植物会失去生气，而且花开不香不漂亮。但也不能说施肥越多越好。

△ 枝条不自然地伸长。

○ 肥料适量，植物很健康且开花良好。

× 肥料不足，无法达到期望的开花效果。

太多　　适量　　太少

第五章　基本作业四　日常管理

摘心、摘侧芽

这里要介绍的是为管理植物生长状况而做的"摘心"和"摘侧芽"。了解其机制后,就能配合自己的目的和喜好顺利地培育植物了。

▎摘除生长点让植物长出侧芽的"摘心"

植物准备长出新枝叶的位置就叫做"生长点"。摘除生长点使其停止生长,可以让其他枝芽生长更旺,借此可以达到管理草木姿态的目的。这种作业就称为"摘心"或"摘侧芽"。其主要目的为优化花、叶和果实。

最强的生长点是枝条末端的新芽。把这个芽摘掉就叫做"摘心"。一旦摘心,此处就不会再向上生长。取而代之,此一生长点上会长出几个其他的芽,称为"侧芽"。

▎摘心可以增加叶子和花果的量

摘心可以增加枝条的数量,使植物变成横向展开的姿态。也能优化枝条的风貌,以及增加花、叶、果实数量的效果。因此它常用于矮牵牛花、马鞭草、三色堇、香堇菜等希望能欣赏到更多花的植物。小菊等也可以利用反复摘心,让植物开出无数花朵,以此达到造型效果。对果实类,以及叶菜类、香草类蔬菜而言,摘心也可增加叶子或果实收获量。

虽说会因植物的种类而异,但摘心大多都是在开花的1~2个月前施行。如果在这之前就施行,植株生出的枝芽就会随着2次或3次的摘心而增加更多。

矮牵牛花等的市售幼苗都已经完成摘心了,但如果距离开花还有一段时间,也可以试着在自己家里做摘心,这样植株一定会长得更加漂亮,一定要试试看哦。

摘心的机制

植物在茎的末端长出顶芽时,其他芽的生长就会被抑制。因此可摘心除去顶芽,让侧芽长出来。

▎与摘心有相同效果的"修剪"

把旧的茎或枝条剪短修齐,以促进新的茎或枝条生长的作业称为"修剪"(见第74页)。这个作业主要用于宿根植物及香草植物等发育过头的枝条。把伸长的枝条在中间剪断,就会和摘心一样从下方长出嫩枝条。

矮牵牛花及万寿菊等四季开花的草花,如果种着不管,枝条就会垂弱无力,无法长长,同时开花数也会减少。狠下心来修剪,枝条的数量就会增加很多,花也会开得更多更漂亮。

此外,怕热的植物如果在梅雨时期修剪,植物株基部的通风就会得到改善。这是很好的避暑对策。

摘心的基本

可试着对自己买回来的盆苗摘心。首先要把苗移植到花盆里。

移植

摘心后枝的伸展方式

剪断处下方那片叶子旁边的侧芽长长了，生成新枝。

剪断枝条，只留2～3片叶子。

把健康伸展的枝条用剪刀剪断，只留2～3片叶子。即使枝条上面有花芽，也要狠下心来剪掉。剪下的枝条可以拿来插芽。

摘心取下的枝。

 要点

如果不摘心会怎样

拿有摘心的植株和没有摘心的植株做比较，就能明显看出生长方式有所不同。没有摘心的植株，枝条会长得很长，整体看起来非常零乱。有摘心的植株，枝条数目增加了，长得很均匀。

没有摘心的植株

枝条拖得很长，给人零乱的印象。

| 摘心后经过1个月的植株 | 摘心后 | 摘心前 |

枝数增加，花芽也慢慢长出来了。摘心在开花的1个月前都可以做。重复做1～2次摘心，花数就会更多，看起来很美丽。

狠下心来把长枝条剪短。

枝数很少，长度也各不相同。

矮牵牛花的一根枝条会开一朵花。如果想增加开花的数量，开花前就要狠下心来把健康的枝条剪短，让新枝长出来。市售的幼苗多数都已完成摘心，但还是可以再摘，越摘枝条越多，花量也越多，整株会变得很美丽。

第五章 基本作业四 日常管理

让主茎茁壮的"摘侧芽"

摘心可以让植物长出侧芽。而想让主茎生长茁壮，或是让果实更加饱满，则可把侧芽摘除，这个作业称为"摘侧芽"。它是让生长所需的养分都集中在主茎或果实上，不要分散掉。

利用摘侧芽来管理枝条数目

番茄、茄子等果实类蔬菜的摘侧芽有两种情形，一是把所有的侧芽都摘除，只留根主茎；另一是决定好枝条的数目及伸出位置，摘除没必要的部分。

只留一根茎时，植株为1字形；

摘侧芽主要用于果实类蔬菜，但牡丹及大理花等希望花开得更盛大时也可以这样做。番红花等，如果在定植之前就先剃除从球根长出的多余嫩芽，就会和摘侧芽有一样的效果，也就是从剩下的芽开出的花会又大又丰腴。

留两根叉开的茎时，植株为Y字形。技术熟练之后，就可以视植物的生长态势将之培育成不同的风貌。

依上所述，我们可以利用摘心、摘侧芽和修剪等手段，在某种程度上以人为的方式管理植物的生长，使植株长成自己喜欢的样貌。

培育果实类蔬菜的范例

利用摘侧芽，我们能够人为决定植物开枝的样貌。有只留下一根茎的1字形和留下多枝条的Y字形与三叉形。

1字形

Y字形　　三叉形

摘侧芽的基本操作

茄子及番茄等如果希望收获的果实大而甜美，就一定要摘侧芽。要在生长期随时观察植物并仔细摘除侧芽。

侧芽

用手指捏着侧芽，以往下拉扯的方式摘除。种茄子时，如果最初的花蕾已经长出来了，就把花蕾以下的所有侧芽摘除。

各种侧芽

小黄瓜

从下端开始数到第5节左右，从那里摘掉。

迷你番茄

如果要培育成1字形的话，就把所有长出来的侧芽都摘掉。

要点

生长期要每天检查

所有叶子与茎连接的根部都会长出侧芽。

生长期要每天检查植物，只要看见长到3厘米左右的侧芽，就一律摘除。

摘花蒂

开完花的花蒂要认真勤快地摘除，这样可以预防植物生病。

另外，摘花蒂也可以防止养分跑到种子里，让植物开出新的花。

看到花蒂要立刻摘除不要舍不得

"摘花蒂"就是花开完之后就把枯萎的花骸连同花蒂一起摘除。如果让枯萎的花继续留在植株上，可能会导致植物生病。而且为了结出果实，养分会被抢走，于是花就不开了，或是就算开了也很小，因此要随时留意，只要感觉花瓣渐渐没有活力了，就马上摘掉。因为心疼而犹豫不决的话，它很快就会长出种子并抢走养分，导致开花状况恶化。想要长期欣赏美丽的花卉，就要认真摘花蒂。

重点在于不能让植株结果，所以连子房都不要留

摘花蒂的方法会因花的种类而异，但最重要的是，不只花瓣，连子房都要摘除。如果留下子房，那里就会生出种子，这样就失去摘花蒂的意义了。

此外，为了避免植物染病，建议尽量用手摘除。无法用手摘除时也可以用剪刀，但要用火烤等方式先将剪刀刃部仔细消毒后再使用。（见第59页）

摘花蒂的方法

摘花蒂的位置及方法因花的种类不同而异。要小心作业，不要伤到枝条。

三色堇、香堇菜

把花茎与枝条连接的根部轻轻向下拉断。

矮牵牛花

捏着花茎，轻轻地拉断。

仙客来

拿着茎的根部轻轻扭转拉断，就能利落地摘除。

袖珍玫瑰

无法用手摘除的硬枝花蒂就用剪刀剪断。

季节管理

为了不要让心爱的植物枯萎，应配合季节给予特别的照看。从潮湿闷热的夏天到寒冷干燥的冬天，气候变化范围非常大。

提供对应季节的照顾，享受四季变化之美

四季变化，照顾植物的方法也必须随之改变。其中要特别注意的是夏天，即使是耐热植物，想平安度过夏天也要千万小心。

春天是启动病虫害对策的时期

胡乱啃食植物并导致植株生病的害虫类多在春季至初夏期间最活跃。要仔细观察植物，一旦发生害虫就立刻除去。预先盖上防寒纱或防虫网也会很有效果。

梅雨时节别忘了抗潮湿

湿气重的梅雨时节植株和土壤都容易闷热，是植物最容易生病的季节。阳台和露台上特别要把花盆间距拉大，并加上竹垫或台架，改善通风环境。

阴雨连绵的日子要把盆栽移到屋檐下或室内，不要让它们直接淋雨。土壤一直处于潮湿的状态会导致植物烂根，雨水也会造成疾病发生。

要勤于摘除花蒂和枯叶，让植物保持清洁。矮牵牛花和迷迭香等枝叶茂盛的植物在梅雨前修剪（见第74页）也是抗潮湿的好方法。植物经修剪后还会长出新鲜健康的枝叶，可谓一举两得。

如果这样还生病的话，就尽快除去生病的部分，并把它搬到距离其他花盆较远的位置。

让植物免于酷暑的侵袭

酷夏是园艺的大敌，强烈的日照对植物而言是极为艰难的环境。一般而言，只要气温超过30℃，植物就会长不好。而南方夏天的气温动辄30～35℃，甚至更高，尤其是露台、阳台的水泥面，温度甚至会超过50℃。

为了不要让心爱的植物枯萎，要尽量设法降低植物及其周围的温度。

首先第一点就是有效地利用日阴处。白天要尽量把植物搬到不会受到日光直射的地方。这样不仅植物本身晒不到太阳，周围的地面没有受到日照，也有抑制气温上升的效果。

除了夏天避暑之外，春天要小心害虫，梅雨时节要对抗湿气，夏秋天要防范台风，冬天要设法御寒。只有像这样配合四季的气候变化作出对策，我们才能欣赏到植物在每个季节呈现出来的不同风貌。

此外，变旧的土壤会成为害虫和病菌的温床。春天刚好是改植的适期，已经盘根的植物可以在这时改植，把土壤更新。

此外，如果夏天里夜间气温也一直持续超过25℃，植物就会无法休息，大部分的植物都会因此变得虚弱。此时在傍晚把植物的周围打湿降温，尽量让植物度过舒适的夜晚。

夏季浇水要避开大白天，尽量在早晚进行

炎热会使土壤易于干燥，所以浇水绝对不能少。但是若在大白天浇水，土中的水温会上升，进而导致根部受伤。浇水要在较为凉爽的早晨进行，如果植物已经非常干燥了，那么可以在傍晚进行。

浇花壶或水管里残留的水会因为强烈的日照而升温。无论如何不要用这些水来浇植物。

设法在烈日的侵袭下守护植物

强烈的日照会对植物直接造成伤害。正常情况下植物的叶子以蒸气的形态排出水分并调节温度，此过程称为"蒸散作用"。但是在强烈的日照下，叶子的蒸散作用会来不及了，于是叶子就会受伤变成茶色或黑色，称为"叶烧"。

为了避免这种情形发生，可用竹帘或遮光网搭盖遮阳棚等，让植物避开直射日光。

各种遮蔽日照的方法

盛夏的直射日光会对植物造成极大的伤害，尤其是强烈的西晒。对邻近建筑物墙面的反射光也要确实做好适当的处理。

可以搬动的花盆在白天到傍晚这段时间可移到能避开日光直射的地方。

移到日阴处

为了防止反射，可在花盆的下方和周围铺放竹垫或人工草皮。这样可以抑制地表温度上升。

铺竹垫或人工草皮

用竹帘或草帘搭盖遮阳棚。由爬藤植物形成的绿窗帘效果也很好。

制作遮阳棚

在阳台的格子上架设市售的遮光网。遮光率在50%左右即可。

架设遮光网

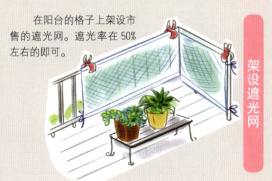

用绿窗帘营造人和植物的舒适环境

有一种非常有效的遮阳方法——绿窗帘。它不但看起来漂亮，设置在露台、阳台上也能抑制室内温度上升，让人舒适凉快，可说是一举两得。

绿窗帘常用苦瓜和牵牛花，但其他能用的植物也不少。想品尝收获之乐的话，可以用小黄瓜、丝瓜、葫芦、翼豆等。想赏花的话，可以用扁蒲、倒地铃、西番莲等。转换处就种常绿的甜蜜蔓地锦或茉莉花等，不但叶子漂亮，还能种好几年慢慢欣赏。此外，绿窗帘并不是只能种一种植物，也可以把两种植物合植在一起。苦瓜和丝瓜的性质很接近，这两种一起种可以营造相当好的绿荫效果。

台风来时要让盆栽避难

从夏天到秋天还要多注意台风。强风与潮湿会伤害植物，放在阳台上的盆栽也可能掉落或倾倒而造成事故。小型盆栽要尽量搬到室内。无法搬入室内的，为了防止倾倒，要让花盆集中在靠近阳台角落或墙壁的地方并用绳子固定好。挂篮式的盆栽当然也要卸下来摆好。高度较高的花盆一旦倾倒，损伤将会很大，所以要把它们轻轻放成倒卧的状态。为了尽量降低损害，在台风接近前就要提早做好准备。

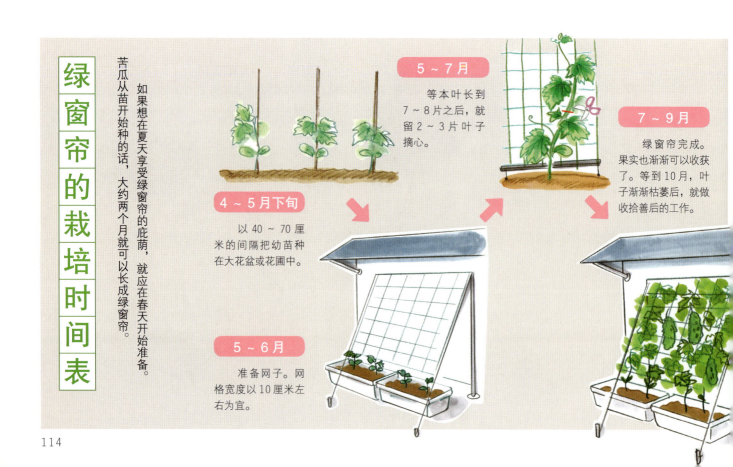

绿窗帘的栽培时间表

苦瓜从苗开始种的话，大约两个月就可以长成绿窗帘。如果想在夏天享受绿窗帘的庇荫，就应在春天开始准备。

4～5月下旬 以40～70厘米的间隔把幼苗种在大花盆或花圃中。

5～6月 准备网子。网格宽度以10厘米左右为宜。

5～7月 等本叶长到7～8片之后，就留2～3片叶子摘心。

7～9月 绿窗帘完成。果实也渐渐可以收获了。等到10月，叶子渐渐枯萎后，就做收拾善后的工作。

怕寒的植物冬天要移到室内

每种植物的耐寒程度都不一样，生长于热带或亚热带的盆花或观叶植物，有可能会因为冬天的寒冷而枯萎，应移到室内。

除了喜欢日阴或半日阴的植物之外，移到室内后，也尽量把它们摆在能接收到光线的明亮窗边。不过，没有雨户（加装在玻璃窗外的木制窗户，全部由木板组成，能防风、防雨和防寒，不用时就推到一边收起来）的窗边夜晚会很冷，夜晚要把植物尽量移到室内的中央，或是用纸箱、塑料袋等覆盖保护。有暖气的房间虽然很暖和，但要注意不能让植物直接吹到暖风。

还有，冬天室内会很干燥，偶尔喷些叶水（见第99页）能让观叶植物更有活力。

覆盖可有利于避霜和防止干燥

无法搬进室内的花盆最好可以移到能晒到太阳的南侧屋檐下。此外，可用稻草或水苔覆盖，这对于防止干燥有显著的效果。

秋季种植的郁金香等，它的球根会在冬季期间开始冒芽，所以最好能在植株基部铺放稻草或水苔。萝卜、白菜、菠菜等冬季蔬菜也建议用透明塑料布或稻草覆盖。

冬天宜在气温上升后的中午前浇水

严寒时期要注意的还有浇水的时间段。在气温较低的早晨和准备迎接寒夜的傍晚浇水都会对植物造成伤害。请在太阳升起、气温上升的中午前浇水。此外，频繁地浇水会使淤积在花盆里的水变冷，导致根部腐烂。

冬季防寒措施

怕冷的植物和处于土地比较寒冷的地区，要特别注意防寒。如果是盆栽的话，移到室内会比较好。

移到室内

怕冷的植株要尽量移到室内。但室内会非常干燥，一定要认真浇水。

利用简易型框箱

春季栽植的幼苗，尤其是怕冷的植物，都应放在室内或简易型框箱内做温度管控。

套上塑料袋

就算已经移到室内了，特别冷的那几天夜晚最好也要用塑料袋或纸箱包起来保护。

覆盖

在地面上铺稻草或塑料布，这种覆盖法也是很好的防霜对策，主要用于蔬菜。

病虫害的种类及其防治对策

想要防范病虫害于未然,就要让植物常保健康。应确实了解病虫害的正确知识,并随时注意观察。

防治病虫害一刻也不能松懈

要保护心爱的植物不受疾病与害虫威胁,就要设法让植物保持健康。提供适合该植物的日照、温度等环境,并给予刚刚好的水和肥料,还要常保清洁。把这些基本作业做好,就能维持植物的健康。不过事实上要做到这些也并不容易。做到完美的确很难,但只要这么做了至少能减轻病虫害的发生。首先要了解病虫害的知识,然后尽心尽力地做好维护工作。

植物疾病的种类有三种,一经发现应立刻处理

侵袭植物的疾病原因主要可以分为三大类,即霉菌、细菌、病毒。

白粉病、灰霉病等是由丝状菌(霉菌)引起的疾病。一旦附着在植物身上,丝状的菌丝就会侵入内部,使叶子、茎和果实腐烂。预防对策是改善排水及通风。生过这种病的土壤应避免连作再用。

由细菌引起的软腐病等多通过水及潮湿的环境传染,所以要注意不要让植物淋雨。万一不幸生病了,就必须把整株植物烧掉。

此外也有以病毒为主因的病毒病和马赛克病。这类疾病是不可能治愈的,所以一旦发现就请立刻拔掉。

如上所述,植物的疾病是由霉菌、细菌、病毒所引起的,所以预防或治疗的药就称为"杀菌剂"。使用药剂时,应选择与病症相符的产品,并遵照正确的用法使用。

发现害虫要立刻处理

害虫如果放着不管,不仅会啃食植物,还可能会引发各式各样的疾病。平日就要多加注意,仔细检查是否有害虫的形影或踪迹。一旦发现害虫就要立刻驱除。应耐心地拣除,直到完全没有为止。

此外,市面上也有很多种类的杀虫剂,能预防、消灭害虫。要根据害虫的种类及植株被害程度,以适当的剂量和频率施用。

病虫害的处置方法

对抗病虫害最重要的就是早期发现和立即处置。请在平日就多多注意观察植物。

有些害虫身上有毒,注意不要直接用手去捉。

原则上一旦染病就要连植株一并处置。

病虫害的检查重点

对抗病虫害最重要的就是早期发现。平日就要勤于观察，尽早发现异常。如果出现类似图中的某种症状就要加以注意。

- 芽、花、果实有被咬过的痕迹。
  ➡ 芋虫、毛虫类、马铃薯瓢虫等

- 花、茎、果实等腐败并长出灰色的霉。
  ➡ 灰霉病

- 叶子上残留着有白色光泽的脉络。
  ➡ 蛞蝓

- 叶子和茎上长出白霉。
  ➡ 白粉病

- 叶子上长出黄色或黑色的斑点。
  ➡ 露菌病、黑星病

- 叶子或茎上有很多黑色或黄色的小虫子。
  ➡ 蟑螂类

- 叶子上长出红、白或黑色的疣状小颗粒。
  ➡ 锈病

- 叶子褪色，变成白白的，或是有白色的小虫子。
  ➡ 叶螨、粉虱类

- 根部可以看见白色网状的菌丝或腐烂。
  ➡ 菌核病、软腐病

- 靠近地面的茎被啃断了。
  ➡ 切根虫类

要点

发现不容易找的害虫

习惯夜间活动的夜盗虫和蛞蝓等在白天很不容易找，所以偶尔换个时间，在深夜或早晨检查植物。

在蛞蝓的行经路线上摆放装了啤酒的盘子，把它们引出来。

把根部挖开一点，有时可以看见夜盗蛾的幼虫或切根虫。

第五章　基本作业四　日常管理

主要病虫害

疾病

一发现生病的征兆就立刻做处置，可把损害降到最低程度。

让植物受苦的病虫害到底是什么？事先了解它们的种类和症状，万一发生时就可以迅速应对。

饼病

发生于花木的疾病，嫩叶会像麻薯被烤过一样膨胀起来，最后会变成黑褐色并腐烂。在发病初期，只要把生病的叶子摘掉并施用杀菌剂即可。

黑星病

病因为霉菌，症状是从下侧的叶子开始依序长出黑斑，最后会枯萎掉落。这种霉菌喜欢湿气，故勤于修剪、注意通风即可。施用水和剂或乳剂的杀菌剂会很有效。

露菌病

叶子表面会出现黄色的病斑，里侧则会长出白霉。常发于低温湿重的春、秋两季。可改善通风并定期施用叶剂作为预防。

菌核病

靠近地面的茎部表面有白色网状的菌丝不断蔓延，茎会逐渐腐烂枯萎。被害的植株须整株烧毁，并在地表施用药剂帮土壤杀菌。

白粉病

新芽、嫩叶、茎、花茎等，会像被洒了白粉一样长出白色的霉菌，并渐渐枯萎。可在好发时期施用杀菌剂作为预防。注意氮肥的用量不要太多。

灰霉病

花、果实、茎会腐败，且该处会长出灰色的霉菌。要随时保持通风良好，并勤于摘除花蒂及枯叶，也可以先喷杀菌喷雾来预防。

锈病

叶子上会长出疣状的病斑，里头会飘出如铁锈般的孢子传播疾病。这种病菌喜欢湿气，所以要保持环境通风。在好发时期先行施用杀菌剂可以得到很好的效果。

软腐病

由土中细菌引发的疾病，会使植物的根部发臭并像被溶解一般逐渐腐败。细菌是从害虫啃伤的部位侵入的，所以要注意预防害虫。

害虫

不立刻处理的话,害虫转眼就会大量繁殖。请务必尽早驱除。

蛞蝓、蜗牛

蛞蝓和蜗牛会在夜间啃食花瓣及嫩叶等。先检查盆里或周围是否有它们的踪迹,发现即捉之。没看见的话,就用引诱型杀虫剂或啤酒、洗米水等把它们诱出扑杀。

切根虫类

新芽长出时会在茎部靠近地表处啃食,使植株倾倒。一旦发现就要立即捕杀,但它们白天都潜伏在土壤中很难看见。要用引诱型杀虫剂诱出并消灭。

叶螨

主要群生于叶子的里侧,会吸食植物的汁液。被害加剧时,叶子就会泛白,整株也会变弱。发现之后请用专用的杀螨剂尽早驱除。叶螨怕水,所以也可以喷叶水来预防。

马铃薯瓢虫

又称为二十八星瓢虫。七星瓢虫是会吃蟑螂的益虫,这种则是害虫,看到时请立刻扑杀。定期施用药剂可以有效防除。

夜盗虫类

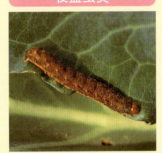

夜盗蛾类的幼虫"夜盗虫",行如其名,白天躲在土里,晚上从土中爬出啃食叶子。一看到卵就要马上处置。幼虫可以用引诱型杀虫剂对付。

介壳虫类

就是像贝壳一样背着壳的虫,会寄生在枝条或叶子上,使植物病弱。可用牙刷等刷掉,或在幼虫期就用杀虫剂消灭(因为药剂无法攻入硬壳)。

蟑螂类

黄色或黑色的小虫子,成群结队地吸食植物的汁液阻碍其生长,还会诱发病毒病等其他疾病。可用杀虫剂防除,量不多的话就用胶带黏走。

芋虫、毛虫类

蝴蝶或蛾的幼虫,会啃食花、茎、芽还有叶子。长大后食量会跟着增加,导致被害扩散,所以请尽量在小幼虫时期就除去,严重时请用药剂防除。

粉虱

体长2~3毫米的白色虫子,会侵袭大部分的草花和蔬菜。常躲在叶子的里侧。一旦大量出现就会难以驱除,要反复施用药剂耐心消灭。

要点

害虫与益虫的区分

虫子当中也有会扑食蟑螂的七星瓢虫和对土壤改良有帮助的蚯蚓等益虫。要正确地分辨,只将害虫驱除。

第五章 基本作业四 日常管理

■ 营造良好的生长环境

由霉菌、细菌引起的疾病，常发生于通风不良、高温潮湿的环境。在这样的环境下，多数植物都会失去元气，严重时则会导致病虫害。反之，在适当的日照、通风及最适气温下，植物生长健壮，当然也就够能减轻病虫害的发生。

慎选定植场所及盆栽摆放的位置，适当进行摘芽、剪定，改善枝叶间的通风状况。在适合该植物的季节栽种也很重要。

■ 购买幼苗时要仔细检查

购买新苗时应选择当季的健康幼苗。连盆底和叶子的里侧都要仔细检查，看看是否有害虫潜伏或生病的迹象，也要检查幼苗是否健康有生气。

市面上也有出售扦插在耐病性砧木上的苗，以及对病虫害较具抵抗力的品种，买这种苗，照顾起来就会很简单。

最近通过网络商店也能轻松买到幼苗和土壤，但如果可能的话，还是建议在值得信赖的商店用自己的眼睛确认之后再购买。

如何选择优良的幼苗

购买幼苗，要在值得信赖的商店选购符合当季的健康幼苗。

- 叶子厚厚的，绿色也很深。
- 没有病虫害的迹象。
- 茎很粗、很强韧。
- 根部舒展开。

病虫害预防

对病虫害首先要重预防。平时多下一点工夫，就能减轻病虫害。

覆盖法

覆盖法就是用稻草等遮蔽植物的根部。这样泥土就不会因为下雨或浇水而弹起，可以防止土壤中的病原菌感染植物。

共荣作物

我们可以把能够减轻虫害或能帮助植物生育的香草类等种在蔬菜旁边。像这样的组合就称为共荣作物（共存作物）。

利用太阳的热度帮土壤消毒

在改植等时，把残留在土壤里的根或垃圾除去，然后浇入大量的热水，接着把土壤装入黑色塑胶袋中，让直射日光晒上2~3天，土中的杂菌就会减少很多。

使用市售的园艺用品

有很多非常便利的园艺产品。例如能捕捉飞来的蟑螂类的防虫网，利用颜色吸引虫子靠近并黏捕的黏纸等，都能达到初期的防除效果。

预防病害虫首重平日的观察与照护

要随时保持栽种环境的整洁,枯叶、枯枝、花蒂、杂草都要勤于清除。每天都要检查植物的样貌,这并不会花很多时间,但却非常重要。

叶螨、粉虱常会躲在叶子的里侧,要仔细检查整片叶子。还要注意盆底、周围的石头,以及容器下方是否有蛞蝓躲着。

作业用的剪刀和刀子也有可能成为传播病毒的媒介,使用前一定要先用打火机或药剂仔细地消毒。

病虫害的原因可能潜藏在土壤中

致病的菌类和害虫也有可能会藏身在土壤里。只要植株生过一次病,就要对其土壤施用杀菌剂或是蒸烤,除去土壤中的病原菌,然后才能使用。如果只是想预防的话,也可以将土壤放在太阳下暴晒消毒,以减少杂菌。

连作也会使土壤中的养分不均衡,造成植物生长障碍。对于盆栽改植时加入新土;如果是地植的话,就把较深处的土壤挖上来与表层的土壤交换。

正确选择施用药剂

对付病虫害最有效的手段就是施药剂。要配合季节、环境、病虫害的种类及症状,选用适当的药剂并施用正确的量。无法辨识病虫害的种类时,也可以选用同时对数种疾病与害虫都有效果的药剂。

不过,即使费心选购了药剂,如果用法错误,也会得不到效果,甚至反而造成药害。使用时,请详细阅读说明并正确使用。

用喷雾器喷洒药剂时的注意事项

要大面积大量喷洒药剂时，使用喷雾器会很有效率。请在没有风的早晨或傍晚作业。气温太高的话，操作者可能会因此吸入蒸发的药剂而引起药害。还有，如果刚施用完药剂就下雨的话，药剂就会流失。所以要事先确认天气预报，选择暂时不会下雨的日子来喷药。

喷洒液须以规定量的水稀释药剂制作，并用喷雾器喷洒。稀释后的药液无法保存，所以不能一次兑太多。

喷洒液要以雾状的形态喷洒在整个植株以及根基部分，连叶子里侧都要喷到。但是如果从叶子上滴下来就是太多了。

喷洒时要让身体向后退，注意不要喷到自己。喷洒后要把手和脸洗干净，使用过的喷雾器也要用水清洗一下。

药剂的种类

可以直接使用的类型	
烟雾剂、喷剂	直接把药剂喷在植物上
粉剂、颗粒剂	洒在植物的周围或埋在土里
球剂	以诱杀的方式驱除蛞蝓等害虫

溶于水的类型	
水和剂	把粉状的药剂溶于水中后再喷洒于植物上
乳剂、液剂	把液状的药剂用水稀释后喷洒于植物上

喷洒药剂时的注意事项

防除病虫害的药剂对人类也会造成伤害，操作时必须十分小心。使用时要详读说明书，以正确的方法使用药剂。

- 喷洒前先告知附近的居民。
- 把晾在庭园里的衣物收进去。
- 口罩一定要戴。再加上护目镜和帽子就行了。
- 在上风处喷洒。
- 戴塑胶手套并穿上长靴、雨衣等。
- 别忘了确认一下附近有没有小孩子或动物。

第 六 章

基本作业五
资材与工具

土壤

园艺的基本在于土壤。用了好土壤，植物就会健康有活力；如果使用了不适合该植物生长的土壤，那么不论怎么照顾植物也不可能顺利成长。

▍以空气和水都易流通的土壤为佳

植物会通过根从土壤中吸取各种养分供成长之用。根要在土中呼吸，并吸收水和养分，所以土中必须要有新鲜的空气、水和养分。

但这些要素也并不是说有就好了。举例来说，如果水量多到让土壤经常保持在湿漉漉的状态，空气就会不足，进而导致烂根。此外，根会为了求取水分而不断延伸，如果附近土壤中一直都有水的话，根就没必要延伸了，如此一来，植物的生长速度就会变慢。

培育植物的土壤必须具备两种重要的性质，即"排水性"和"透气性"，这样旧的水和空气才不会一直滞留在里头。土壤中有某种程度的空隙，能让水和空气容易通过，这样的土壤才是好的土壤。

▍有空隙的土壤可以储存水分和肥料

适度的空隙有助于水分及肥料的留存。良好的"保水性"和"保肥性"是好土壤的必备条件。好土壤不但能够自行吸收水分，小空隙也可以帮助储存水分和肥料。

如上所述，空隙很多的土壤称为"团粒构造土"，是理想的园艺用土。

相反地，没有空隙、由细粒子紧密结合而成的土壤，称为"单粒构造土"。单粒构造的土壤排水性非常差，透气性也不好，对根来说是不舒适的环境，会导致烂根。

好的土和不好的土

团粒构造土

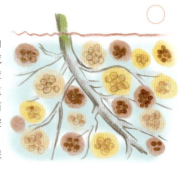

团粒就是由细粒子集中而成的大土块，团粒构造土就是由这样大土块集合而成的土壤。它空隙很多，对透气、排水、保水、保肥都很好。

单粒构造土

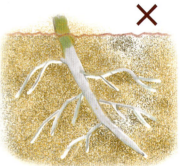

微细的粒子紧密地集结，几乎没有空隙。这样的土壤透气性和排水性都不好，根部很容易缺氧。

▍在基本用土中混入资材，做成团粒构造土

团粒构造土是将用土与资材混合而成的。用土和资材都有很多种类，每个种类也各有其特点。要配合用途选用（见第127页）。

最基本的用土是赤玉土和鹿沼土。它们称为"基本用土"，一般会和腐叶土、泥炭苔等混合。混合这些辅助性土壤能增加有机物，使土壤变肥沃并促进团粒化。

另外，如果想提高透气性、排水性、保水性的话，就加入蛭石、珍珠岩等基质。

基质宜选用颗粒与基本用土相同者。

主要的园艺用土与资材

基本用土
一般占培养土六七成的打底用土。

中粒

小粒

赤玉土
富于透气性、保水性、保肥性的粒状土。特征是即使浇了水,形状也不会改变。上图为将赤玉土以颗粒大小分类。

鹿沼土
为透气性、保肥性兼优的粒状酸性土。无菌、无肥料,常用于扦插。

水苔
将自然生长于湿地的水苔干燥制成。透气性和排水性都很好,常用于洋兰栽培与挂式盆栽。使用前要充分润湿。

辅助性土壤
能增加土中的有效微生物,使土壤变肥沃。

腐叶土
由落叶腐烂而成,以阔叶树的落叶为佳,透气性、保水性、保肥性皆优。可有效提高有用微生物的质量及改良土质。

泥炭苔
将湿地的水苔等长期放置就会泥炭苔化,拥有类似腐叶土的性质。酸度很强,只要再加入调整酸度的产品就可以了。本品无菌,适用于室内园艺。

堆肥
由稻草、枯草、动物粪便等发酵腐烂而成。拥有极佳的透气性和排水性。和盆栽比起来,更适合花圃和田园使用。

炭化稻壳
由粗糠炭化而成。透气性及保水性兼优。属于强碱性,一次不要太多。

基质
用于补充、强化基本用土的透气性及排水性。

蛭石
由云母矿石烧制而成,质轻无菌。具有优异的透气性、排水性、保水性和保肥性。也用于插芽及播种用土。

珍珠岩
为黑曜石或珍珠岩经高温处理制成的人工用土,质量非常轻。透气性及排水性皆优,但保水性及保肥性则不佳,可搭配排水不良的土壤使用。

轻石
为火山性的岩石,有很多小孔,很轻。透气性和排水性都很好而且很硬,可将小颗粒与排水不良的土壤混合使用。大颗粒可以当成盆底石。

第六章 基本作业五 资材与工具

制作培养土

基本作业五 资材与工具

对植物而言，土壤的重要性就像家一样。这里要介绍的就是土壤的搭配置方法，特别是用于盆栽的土壤。

■ 以赤玉土和腐叶土的组合为基本

为了培育植物，我们可将土壤与基质混合制作出"培养土"。市面上就有混合好的培养土出售，但也可以根据使用目的自行制作。

培养土基本上就是赤玉土混合上腐叶土而成的。两者都具有良好透气性及保水性，腐叶土还增加了能让土壤变肥沃的微生物。大多数的草花用"赤玉土60%~70%+腐叶土30%~40%"的搭配，就可以栽培得很好了。

■ 根据置放场所等，加入调整资材

要配合置放场所、浇水频率，以及植物的性质等，加入珍珠岩、蛭石等调整资材。

例如，放在风强、容易干燥的场所或无法频繁浇水时，就可以在基本用土中加入保水性优异的蛭石。

放在通风、日照不佳的场所或栽种好干燥的植物时，就可以添加透气性及排水性良好的珍珠岩。

挂篮式盆栽等通常会希望土壤能够轻一点，此时就可以用轻石来取代基本用土中的腐叶土。此外，挂在高处会容易干燥，可以添加质轻且保水性佳的蛭石或更轻的珍珠岩。

■ 先去除微尘，再使用

赤玉土、鹿沼土等的颗粒碎裂之后会变成粉状，称为"微尘"，它是使排水性变差的最大原因之一。因此，使用时请先用筛子去除微尘。

或是让土壤在装在袋子里抖落数次，这样微尘就会沉底，然后底部这个部分不要用。

混合土壤时也要注意不要产生微尘。例如用铲子等用力搅拌很容易导致颗粒碎裂产生微尘，宜用手搅拌或装入袋子中轻轻震动。

■ 以容量计量，用袋子混合

调配用土时不是以重量，而是以容量计量。用小桶子或盆底盘等来计量就会很简单。5号盆（直径15厘米、深15厘米）1次大概可以装1升的量，用胶带封住盆底的孔后，拿来计量肥料等就会很方便。

需求量较少时就把它们放在大的盆底盘里用手拌匀，较多时就装进大袋子里以震动的方式混合。用袋子混合时，宜从较轻的物质开始放入，这样比较容易混合。例如，依照腐叶土—赤玉土的顺序置入。此时如果再加入基肥一起混合，定植时就会更轻松。基肥的混入比例是培养土1升加入缓释性化肥3~5克。

除去微尘

购入赤玉土后，要在开封前使袋子直立抖落数次，这样粉状的微尘就会聚集在底部。开封使用时也要敲敲袋子的周围，让微尘确实落下。

调配范例 ※ 有各式各样的调配方法，这些只是一个例子。

基本调配
适合草花的一般组合。

腐叶土 4 / 赤玉土 6

挂篮
用泥炭苔代替腐叶土，再添加珍珠岩让重量更轻。

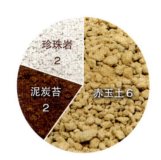
珍珠岩 2 / 泥炭苔 2 / 赤玉土 6

阳台的盆栽
一般而言，阳台的日照较强而且容易干燥，所以要加保水性较佳的蛭石。

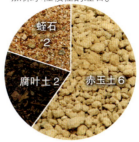
蛭石 2 / 腐叶土 2 / 赤玉土 6

树木
赤玉土的比例要比草花多一点，以提高安定感。

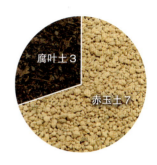
腐叶土 3 / 赤玉土 7

喜好酸性的植物
紫阳花、杜鹃花、蓝莓等以酸性的鹿沼土为主，再调配未调整的泥炭苔。

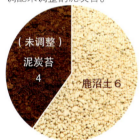
（未调整）泥炭苔 4 / 鹿沼土 6

仙人掌、多肉植物
其很容易发生烂根，所以要混入炭化稻壳并在盆底铺大颗的轻石来改善排水性。

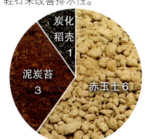
炭化稻壳 1 / 泥炭苔 3 / 赤玉土 6

室内盆栽
为了清洁，使用泥炭苔代替腐叶土。

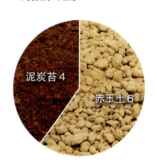
泥炭苔 4 / 赤玉土 6

洋兰
洋兰大多是以水苔来栽培。盆底要放大颗的轻石来强化排水性。

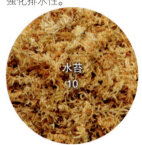
水苔 10

混合的方法

混拌，避免产生微尘。

混合用土时用容器计量容量并轻轻

赤玉土 6 ＋ 腐叶土 4

少量制作场合
放在大的盆底盘内用手拌匀。

大量制作场合
装入大袋子中翻动混合。

第六章　基本作业五　资材与工具

如何判断腐叶土的好坏

不好的腐叶土

未熟成的腐叶土。由于还没完全腐烂，叶子和茎的形状都还看得出来，颜色也比较浅。有不好的气味也是尚未熟成的证据。

好的腐叶土

充分熟成的腐叶土。已经看不出叶子的形状了，黑黑的，握在手里松松软软的，感觉就像快要散掉了，几乎没有气味。

▋腐叶土没有完全熟成就没有多大用处

由大阔叶树的落叶熟成产制的腐叶土是制作园艺用土不可或缺的材料。其效用非常大。

首先，腐叶土可以使微细的土壤凝结成团粒构造，提高透气性、排水性、保水力和保肥力。

再者，腐叶土也可以当作对植物有益的蚯蚓及微生物等的食物。这些生物会因为食用腐叶土等的有机物质而增加，除了制作出氮、磷、钾等的养分之外，它们在土中的活动也达到了翻土的效果。

但是，这些作用如果不是在完全熟成的腐叶土中是无法得到的。换句话说，未熟成的腐叶土是起不了什么作用的。

大部分的腐叶土都是市售的，但目前的状况是未熟成的腐叶土也被接受了。上面的照片就是完全熟成的优质腐叶土和未熟成的腐叶土，请记住它们的各自特征，以备参考，此外也可以当作自行购买制作时的评断依据。

使未熟腐叶土完全熟成的方法

万一不小心买到未熟成的腐叶土，也可以自己让它熟成，虽说这要花上一些时间，但还是可以试试看。在5升左右的未熟腐叶土中加入一撮油粕再加水混合，然后装在刺了好几个洞的袋子里绑好，摆在太阳晒得到的地方。到完全熟成为止需要数个月，其间每2～3周就要搅拌一次。

如何挑选市售的培养土

▎可直接使用的培养土

园艺店除了卖各式各样的用土和资材之外，经常也会出售已经混合好的"培养土"，有的还已经掺好基肥，直接可以定植幼苗，非常方便。买培养土不仅能省下自行配制的时间和精力，也能避免只剩一种用土无法搭配的浪费。

市售的培养土大多都是配合植物及容器的种类调制的，因此会以"草花用""观叶植物用""钵、盆用"和"挂篮用"等来分类，但也有像"三色堇、香堇菜用土"这样限定植物的产品。不过，在这种土中种植同属草花的紫罗兰或矮牵牛花等也不会有问题。

▎主要要考虑其品质标示和重量

市售培养土中也有如下图所示的品质有问题的产品。有时候植物无法顺利栽培的原因其实是出在培养土上，购买时务必确认以下两点，以便选择到优质的培养土。

① 品质标示要清楚

观看印刷在包装上的品质标示，确认原料名称及适用植物。原料名称印不清楚就不用说了，没标示制造商名称和联络方式的商品，品质也值得怀疑。

② 以重量为基准

基本的培养土10升应该有4～6千克的重量。太轻的产品可能加了太多的泥炭苔等调整资材，这样浇水时就不会吸收，根也会无法展开。太重的产品透气性和排水性会不好，可能引发导致植物发育不良的烂根。除了检查重量之外，也要检查培养土的颗粒。大小不均或粉粉的产品都可以视为不良品。颗粒太大土壤中的间隙就会太多，这样根会无法伸展，幼苗也会发育不良。

此外，市售的培养土有些掺入肥料，有些则没有。如果买了未掺入肥料的种类，定植时就必须加入基肥。这点务必先确认清楚。

最重要的是重量

标准重量为10升应该有4～6千克。请称一下购回培养土的重量作为以后的参考。

市售的培养土

下图为实际购回的培养土的比较图。右侧的两种是优良的。里头包含了数种用土，颗粒大小也很平均。左侧的两种是粗劣品。上图几乎没有加入基本用土，下图则是颗粒大小极端不均。

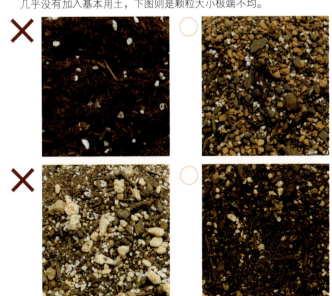

土壤的再利用

▌种过的土壤不能直接使用

种盆栽的一个困扰就是用过的土壤不好随便丢弃却又不知道该怎么处理。用过的土壤养分减少了，颗粒变细了，排水性和透气性也会恶化。此外它也可能会含有植物枯萎的根、叶，以及病虫害的菌、卵等。总之，曾经种过植物的土壤严禁直接再使用。

土壤如果要重复利用的话，一定要消毒并加入新的用土及回收材等补充养分。

▌用过的土要杀菌并混入新土后再使用

使用过的土壤首先要使其干燥并拣除垃圾。然后再利用筛子除去细根等，如果有大的土块就要把它弄碎。

接着是杀菌，杀菌的温度必须有60～80℃。盛夏的强烈日照就很理想。先浇热水消毒，然后使其干燥，接着装入黑塑胶袋中，让直射日光晒10来天，这样就可以安心了。使用时一定要再混入三成左右的新培养土，并加入腐叶土等土壤。

如果是冬天，浇热水消毒后就直接湿湿地放进花盆里并拿到室外吹冷风，每2～3周搅拌一次，到了春天再混入新的培养土和腐叶土来使用。

▌使用回收材

市场上也有回收材或土壤改良剂供使用。这些产品可以补充土壤中的养分，也含有可以改善排水性及透气性的微生物等。可在杀菌后的土壤中混入指定的分量的回收材后再使用。也有的回收材料只要混入旧土壤中就可以使用了。

不过，珍爱的植物当然还是用新土栽培更安心。此外，种过病死植物的土壤最好不要回收再用。

如何回收土壤

无法随便丢弃的土壤就先消毒再利用。

① 使容器内的土壤干燥，除去旧根和垃圾。大的土块要弄碎，用粗目筛子筛除去细小的垃圾。

② 把土壤摊开，浇热水消毒，并使其干燥。

③ 装进黑塑料袋中并混入旧土石灰，把袋口绑紧后平放，在直射日光下暴晒10来天。偶尔要上下翻转。

④ 混入三成左右的新培养土和腐叶土。

花圃用土的制作

▌添加有机物制作团粒构造土

为了让草花的根部能够顺利展开，最重要的就是深翻土，至少要挖 40 厘米深。土质会因地域及环境不同而异，有时必须要改良土壤，以便草花能健康成长。

花圃土壤的理想状态是团粒构造土（见第 124 页）。团粒构造土必须要有腐叶土（见第 128 页）、堆肥等的有机物质才能生成。有机物质也能促进排水不良的黏质土和保水性差的沙质土团粒化。

腐叶土和堆肥的量是每平方米混入 10～20 升。操作时均匀全面地洒在翻起来的土上，并反复混拌数次。

▌根据土壤添加用土和基质

会紧紧黏在铲子上的黏质土壤排水性很差，是容易导致烂根的因素。遇此类情况，要尽量挖深一点，然后把排水性好的砂子和珍珠岩伴随有机物质一起加进去。还可以再用框架等把土壤围高，这样改良之后土壤的排水性就好了。

反过来说，如果是遇到排水性太强的砂砾质土壤，就要在添加有机物质时也加入保水性佳的黑土或赤土等黏质土或是蛭石。

如果砂砾较多的庭土是在建造住宅时留下的，就建议挖出 30～40 厘米深的土，并新加入品质良好的"客土"。

▌混入石灰调整酸度

若雨量很多，土壤也以酸性居多，但多数的草花却比较喜欢弱酸性的土壤。此时就可以洒入石灰来调整酸度。用量大约是每平方米洒 200 克。洒完之后请立刻搅拌。想知道土壤 pH 值的话可以用 pH 测试纸。洒石灰的作业一定要在测量过 pH 值之后再进行，一年洒一次就够了。

第六章 基本作业五 资材与工具

花圃的土壤制作

为了让植物的根能够顺利展开，应先做好翻土。适合的时间是定植的 1～2 周前。

要准备的东西

堆肥或腐叶土（1 平方米用 10～20 升） 化肥（1 平方米用 50～100 克） 石灰（视需要而定，1 平方米约用 200 克）

① 清除垃圾，用铲子把土壤全面挖起 40～50 厘米深。需要调节酸度时就洒石灰，以把土壤铲回原处的方式混拌。

② 全面洒上腐叶土和堆肥。

③ 全面洒上化肥。

④ 轻轻翻 2 次土壤，使添加物与土壤混合。发现土块就用手或铲子弄碎。

⑤ 用耙子轻轻耙平土壤。就这样放置 1 周，让所有的物质慢慢融合。

花盆

花盆是栽培植物用的容器的统称。它们有各式各样的造型和素材，对土壤干燥的方式等会有影响。

▍基本型的花盆是以"号"来区分尺寸

栽培植物用的容器有很多不同的种类，如素烧盆、塑料盆、木制的樽、铁丝制的挂篮等，这些容器统称为"花盆"。

其中最基本的形态就是传统称呼为"花盆"的盆器。盆器有规定的编号尺寸。号数是依盆器的口径（直径）来决定的，1个号大约是3厘米，常用的有2～13号。到9号盆为止都是差0.5号，9号盆起则是差1号。

▍掌握素材性质做好管理

目前花盆的主流是素烧的陶器和塑料制品。它们有不同的特征，应分别了解这些特性，作为浇水及决定置放场所时的依据。

素烧盆的特色是透气性佳、不易闷热，但相反地，水分会蒸发得很快，必须勤于浇水。此外，较大的盆器动辄超过5千克，作业时会很费劲。不过，这也为它带来了稳定不易倾倒的优点。

质轻、好处理的塑料盆则有土壤不易干燥的特征。由于塑胶会隔绝内外部气体的流通，所以水分只能从土壤的上面或下面蒸发。浇水前请先确认土壤是否真的已经干了。另外，塑料盆很容易导热，盆内的温度都会比盆外高一些。如果平常是放在日照良好的地方，当气温超过25℃时，最好要移到日阴处，也可以用遮罩等阻隔直射于花盆侧面的阳光。

每一种花盆的大约盛土量

先知道每一种花盆大约可以装多少土，制作或购买培养土时就不会困扰了。以下数据提供给读者作为参考。

容器的种类	尺寸	土量
3号盆	口径9厘米	0.3升
4号盆	口径12厘米	0.6升
5号盆	口径15厘米	1.3升
6号盆	口径18厘米	2.2升
7号盆	口径21厘米	3.5升
8号盆	口径24厘米	5.2升
9号盆	口径27厘米	7.8升
10号盆	口径30厘米	8.4升
长方盆	长65厘米	12～13升

塑料的花盆大多不需要加盆底网。

主要的花盆造型

代表性的款式；最近市面上可以看到很多不同设计的花盆，这里介绍几种较具代表性的款式，供选择时参考。

标准形

口径与深度差不多的盆器。几乎所有的植物都能种。对选花盆没有把握的初学者选这种花盆绝对不会错。

宽浅形

深度只有口径的 1/3 ~ 1/2，适合栽培比较喜欢干燥的小型草花，也可以用于培育小苗。

长筒形

深度比口径大很多的长形盆。适合栽培株长较高的观叶植物、希望开根状况更理想的大型球根植物（如百合等），以及株长较高的果菜类植物（如番茄等），也很适合种小型果树。

长方形／橱窗形

横长形的箱形花盆，欧美人称之为橱窗盆。主要用于在窗边栽种植物作为摆饰之用。可同时寄植多种、多株，非常方便。

正方形

风行于欧洲地区的方形花盆。深度与盆口的一边相同，用法和标准型一样。

草莓盆

专为栽培草莓而设计的花盆，侧面也有几个口，很适合寄植。一般是把外观比较利落的植物种在上面，会垂挂的植物则种在侧面。

挂篮

可以挂在墙上，也可以吊着，享受立体装饰的乐趣。优点是不占场地。

第六章 基本作业五 资材与工具

定植、制作土壤的工具

园艺要做的第一件事就是制作土壤。光是铲土这件事，如果能有专用的道具，就能让作业更顺利。

大小、用途各异的园艺铲

对需要处理土壤的园艺作业而言，园艺铲是必需品。长30厘米左右的小型铲称为"移植铲"。可以用来挖起幼苗和挖种植用的洞。量不多的话，也可以用于搬动土壤。不过要把植物定植到花盆里时，有"盛土器"会更方便。盛土器是筒状的，土不会掉出来，一次可以搬运比移植铲更多的土量。

花圃或田地等要翻土时，要用大型的园艺铲，种类有"铁锹"和"铁铲"，一般来说，有铁锹就够用了。抚平土壤用的"耙子"也可以很方便地用来清除石头和垃圾。另外，田地要堆土丘时，用上小型的"铁锹"会更有效率。

盛土器

盛土器是种盆栽时不可或缺的道具，用于将土壤盛起、搬运及置入花盆中。多以大、中、小不同尺寸的套组贩卖，有不锈钢制品也有塑料制品。

为了把小苗固定在预定的位置，用大的盛土器搬运土壤会更有效率。

移植铲

一般所说的园艺铲的就是它。用于挖掘种植幼苗或球根的洞穴，以及小面积的翻土。购买时要拿拿看，选择手感比较好的。有刻度的移植铲在想挖固定深度时非常好用。

要挖时就使铲子的末端刺入土中，要在洞穴里填土或要抚平土壤时，就横着拿，使用侧面。

铁锹

在庭园、花圃或田地上挖土时不可或缺的工具。铲部的宽度有宽有窄，窄的一次可以挖起的土量较少，但需要用的力气也会比较小，很适合女性使用。它末端尖尖的，很容易刺入土中，也能轻松切断在土壤中展开的根。购买时要自己拿拿看。

要挖掘比较硬的土壤时，就把脚踩在铁锹的肩上，用体重把铲部压进土里。插入后，把铁锹横向翻起，使土壤上下翻转。重复这个作业就能让土壤饱含空气，变成柔软的泥土。

铁铲

铲部为方形的工具也称为"方铲""平铲"。主要是用于大型花盆用土或花圃用土的混拌。末端是平的，刮集和盛装土壤都很方便。而且因为方形的关系，盛起的土壤不易掉落，很容易搬运。和铁锹一样，铁铲也需要自己拿拿看，确认好使后再购买。

一手拿着握把，另一手从上方握住铲柄。铲好土后横向翻回并放下，使土壤上下翻转。作业时要张开脚并放低腰部，这样比较不会累。

耙子

把土壤耙平的工具，用于花圃及田地翻土后，把土壤整平。在整平的同时，还可以把石头、土块等剔除。也可用于把割下来的草集中堆放。

在翻好的土上，用耙子从远处往自己这边拉过来。钩到的石头或土块就拣起来丢掉。

第六章　基本作业五　资材与工具

浇水的工具

浇水也有各式各样的方法。请分别使用适合的工具柔和地帮植物浇水。

浇花壶的选择

用花盆栽培植物时，使用最频繁的工具就是"浇花壶"。由于它装了水会很重，而且放在屋外的时间比较多，建议选购质量轻、不会生锈且坚固耐用的塑料制品。

日常浇水时都会把像莲蓬头一样的"散水器"拆掉来用。为了避免散水器找不到，或是想用的时候藏污纳垢，达不到喷淋的目的，要把它放在工具箱等固定的地方保管。

"注水器"形状像浇花壶，但其出水口细细的。它的特点是可以伸入植物较密集的地方浇水，适用于室内小盆栽的浇水和液态肥料的施肥。

喷雾器

用于播种后等需以较轻水压温和地浇水时。喷出的水雾愈细愈好。不过要以细雾状给予植物大量水分的话，就必须喷很多次。因此要选择好握且不需要花太多力气的产品。它也用于帮观叶植物补充叶水。

注水器

用于室内盆栽的浇水及液态肥料的施用。施肥要用有刻度的比较方便。

计量杯与滴管

有刻度的宽口注水杯。用于正确度量液态肥料或药剂的量及稀释。配有滴管的话可以度量得更正确。量好的液体可以倒进浇花壶内使用，也可以直接用计量杯浇注到花盆里。

浇花壶

用于日常浇水,是最一般的园艺工具。请选择散水器为可拆除型的产品。出水口的高度要超过壶身,这样水才不会溢出来,而且口部要容易伸入想浇水的位置。如果盆栽的数量很多,选择容量大一点的比较方便。浇花壶装了水就会变重,建议买质轻耐用的塑料制品。

使水变成雨状

如果是小苗,就使散水器的口朝下,使浇出来的水变成雨状。使用散水器时,首先要确认洞口是否有阻塞物。浇植物之前先在别的地方试试,水要变成漂亮的雨状才行。此外,绝对不能突然浇水。水刚出来时会凝聚在一起,就算是雨状也太大滴了,所以要先在空处浇成雨状之后,再转移到植物的上方。

把散水器拆掉来用

日常浇水时要把散水器拿掉,不要让水碰到花和叶子。浇水时如果太猛,一口气浇下去的话,水压会使土表产生凹洞,所以要慢慢地浇,或是把手靠在出水口边减缓水势。

水管

水管如果用绿色或透明的,管内会长出藻类,成为散水口阻塞的原因。宜使用黑色的水管或是耐压水管等。

洒水器

给花圃、庭园或是大量盆栽浇水时,使用水管的话,就用不着来来回回取水了。但如果想要更方便地全面浇洒,就要用附有散水器的洒水管。市场上有许多和水管成套出售的洒水器。

要点

一定要先在空处浇成雨状之后再移到植物上方。

第六章 基本作业五 资材与工具

修剪的工具

园艺上经常会有剪断的作业,有一把好用的剪刀是很方便的。如果有庭木,就还要准备剪定的工具。

修剪庭木一定要有专用的剪刀

一定要准备一支剪草花茎或灌木小枝条等专用的园艺剪刀。建议使用握把之间有弹簧的"修芽剪"(又称为"采果剪")。剪完之后握把会返回原位,用起来很轻松。

维护庭木一定要有"剪定铗"。用一般剪刀硬剪的话,不但切口会脏掉,植物也会受伤,要避免。用完后,请把剪定铗上的树脂、树液等仔细擦干净以保持刀口锋利。

剪定绿篱需要"整枝剪"。这个工具很难用小剪刀来代替。挑选握柄有一定长度,能伸到远处进行修剪的种类为佳。

修芽剪

很轻,末端尖细,很适合做细部作业,用于草花及小枝条的修剪,也称为采果剪。它附有弹簧,剪完后握把会自动弹回原位,要剪很多茎的时候就很方便。如果只栽培草花的话,有这一支就够了。

剪定铗

直径在2厘米以内的枝条都可以剪断。特征是2片刀刃的形状不一样。小的那一侧叫做"受刃",大的那一侧叫做"切刃"。购买前先拿拿看,选择大小、重量及弹簧硬度都适合自己手掌的。

剪法 把下侧的柄往上提,只动切刃的部分。

握法 使受刃在下,上侧的柄靠在手心里,确实握牢。

整枝剪

用于整形绿篱、庭木的大型剪刀，特征是刃部和柄部都很长。我们感觉最好用的是刃长 18 厘米，全长 70 厘米左右的剪刀。刃部和手柄之间有个折角，从而方便修剪低处或高处的植物。

园艺用手锯

能伸进小细缝去作业的细长型单刃工具，用于切断直径 2 厘米以上的粗枝。不要用木工用的双刃锯，以免伤到其他的枝条。也有刃部可以折起来收纳的类型。

高处修剪

如图修剪。剪较低位置时翻一面即可。

使用方法

握着柄部的末端，使剪刀的刃里侧朝向要修剪的面，小幅移动，右手慢慢修剪。

使刃部与枝条成直角，在往自己这边回拉时发力。

刀子

用于插枝、压条、嫁接等要在枝条上切牙口或削刨作业。

刀子是做插枝、嫁接的必需品。其使用要领和削铅笔一样。

第六章 基本作业五 资材与工具

此时该怎么办呢

园艺作业的问与答 ③

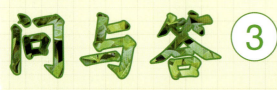

问
蓝莓种哪一种比较好呢?

我想买蓝莓的幼苗回来种种看,可是种类很多,我又不太懂。听说要种2种以上才会结果实,请问怎样的组合比较好呢?

答
市售的蓝莓主要可以分为耐寒的"北方高丛系(Northern High bush Blueberry)",以及耐热的"兔眼品系(Rabbit Eye Blueberry)""南方高丛系(Southern High bush Blueberry)"等三种。寒冷区域请选择北方高丛系,温暖区域则可选择其余的两种。

蓝莓只种1株是不会结果实的,所以一定要同时种2个品种以上。但是有一个要点,就是一定要选同系统内的不同品种才行。例如种兔眼品系的话,就要从蒂芙蓝(Tibule)、蓝雨(Blueshower)、乡铃(Homebell)、灿烂(Brightwell)等同系种当中选2个品种来种植。

问
木香花可以扦插吗?

听说木香花可以利用扦插法轻松繁殖,是真的吗?请告诉我适当时期及方法。

问
香冠柏的下侧都枯萎成茶色了,这是得了什么病呢?

香冠柏的下侧变成茶色,渐渐枯萎了。附近的香冠柏也有同样的症状,是不是生了什么病呢?该怎样处理才好呢?

答
应该是霉菌寄生引起的疾病。请问症状是不是一开始先枯萎成红茶色,后来渐渐长出黑斑,最后靠近地面的枝、干还长出褐色的病斑呢?

由霉菌寄生引起的病害会因为日照不足及雨水不断而扩散。如果放任不管的话,整株都会枯死,所以必须定期施用杀菌剂。染病的部分要尽可能切除,而且到秋天为止每个月都要施用2次杀菌剂(亿力水和剂、百菌清水和剂等)。

香冠柏不喜欢高温潮湿的环境,处于这种环境下会容易生病。可以的话,要将盆栽移到通风、排水良好的地方。夏天要用稻草覆盖,以防土壤温度上升以及雨水反弹导致的疾病传染。

答
木香花等的蔓性玫瑰很适合初学者栽培,扦插也很简单。只要在花期结束后进入梅雨季之前的6月做绿枝插(见第63页)就可以了。适合的扦插床为小粒赤玉土加上蛭石。别忘了用塑料袋密封。通常30~40天就会发根,3个月左右就可以上盆了。

第七章

世界无限宽广，探索没有尽头
各式各样的园艺

第七章 盆花的栽培

世界无限宽广、探索没有尽头 各式各样的园艺

买回来就可以直接栽培的盆花是最轻松的园艺。只要注意摆放的场所，不用照顾就可以欣赏到美丽的花卉。

▎配合植株的生长适温，决定摆放场所

"盆花"就是花店、园艺店等在花朵盛开或正要开花的时候，把植株种到盆子里出售的产品。与盆苗不同，盆花可以直接栽培而不必移植。

盆花大多是会散发出浓郁季节感的华丽植物，较具代表性的有：仙客来、圣诞红、报春花、长寿花、扶桑花、九重葛、康乃馨、兰花等。由于可以立即供观赏，故经常被当成礼品馈赠。

盆花通常都会用上优质的土壤和肥料，然后在最佳状态时展售，因此在相当一段期间内并不需要照顾也能维持美丽的外观。只要放在适合的环境，盆花就不会轻易枯萎。

对植物而言，环境主要是指温度和日照。

每一种植物都有它的生长适温，此外也有它们能够维持生命的最低温度，冬天要把植物放在不低于这个温度的地方。热带性植物在寒冷的季节就更要放在室内管理。

夏天的气温经常飙高，要特别注意将盆花尽量移到通风良好的凉爽场所。

▎有些盆花很怕强光

一般而言，植物晒不到太阳就会变弱，因为它们必须要晒到日光才能行光合作用，制造养分，所以要尽量避免把植物一直放在玄关等阳光照不到的场所。

室内的话，植物基本上应该摆在明亮的窗边。不过每一种植物喜欢日照的程度并不相同（见第101页）。并不是所有的植物都喜欢强光，这点要特别注意。其中比较容易弄错的是热带性植物。它们貌似喜欢强光，但因为原产于蓊郁雨林中，其实只需要弱光就足够了，强烈的日光会引起叶烧。把它们放在窗边时，要用薄窗帘等柔化光线。

冷、暖气的吹风口和容易干燥的电器用品周围，也应避免放置盆栽。

■ 注意不要浇太多水

盆花的管理还有一个重点就是浇水（见第 96 页），尤其要注意不能浇太多水。栽培失败的原因通常都出在浇太多水上。

浇水的适当时机是土壤的表面已经很干的时候。土壤如果一直湿湿的，氧气就会不足，这样根会无法呼吸，最后会导致烂根。给水时，量要充足，要浇到盆底有水流出来为止。让旧空气和水一起被挤压出来，盆里的环境就得以更新。如果用每天浇一点点水的方式给水，盆里的环境就会恶化。同样地，底盘中如果一直积水也是不行的。请务必让它保持在干燥的状态。

冬天从叶子蒸发的水分会减少，因此浇水的次数也要跟着减少。要等土壤干燥后再过几天才浇水。

■ 买回 1 个月后就要施肥

花开过枯萎后，要立即摘除，这称为"摘花蒂"（见第 111 页），是想长期欣赏盆花不可少的作业。如果花枯萎时还连在植株上，植株就会结果，那么养分就会被果实抢走，接下来的开花就没那么好看了。

此外，盆花买回 1 个月之后，上次施放的肥料就基本用完了。此后的开花状况和叶子的生长态势都会变差，请施用缓释性肥料（见第 105 页）。

盆花并没有频繁改植的必要性，至少 1 年内都可保持原状。因为让根处于长满盆的状态花会开得更多更漂亮。换盆时也请换相同尺寸的盆子。

主要盆花的花期及生长适温参照表

植物名	花期	最低温度*	生长适温	植物名	花期	最低温度*	生长适温
大丽花（菊科）	5～10月	5～6℃	15～25℃	君子兰（石蒜科）	3～5月	5℃	15～20℃
扶桑花（锦葵科）	6～10月	7～8℃	16～30℃	蝴蝶兰（兰科）	3～6月	9～10℃	18～25℃
牵牛花（旋花科）	7～9月	5～6℃	20～25℃	康乃馨（石竹科）	3～6月	0℃前后	10～25℃
圣诞红（大戟科）	11～2月	7～8℃前后	15～30℃	郁金香（百合科）	3～5月	0℃前后	14～25℃
仙客来（报春花科）	11～4月	5～6℃	15～20℃	天竺葵（牻牛儿苗科）	3～11月	3～4℃	5～15℃
樱草类植物（报春花科）	11～5月	0℃前后	15～20℃	百合（百合科）	4～7月	7～8℃	15～20℃
三色堇、香堇菜（堇菜科）	11～6月	0℃前后	15～20℃	观叶秋海棠（秋海棠科）	4～11月	7～8℃	15～20℃
螃蟹兰（仙人掌科）	11～12月	2～3℃	10～25℃	矮牵牛花（茄科）	4～11月	5～10℃	15～25℃
圣诞玫瑰（毛茛科）	12～3月	不结冻即可	0～15℃	孤挺花（石蒜科）	5～7月	不结冻即可	15～20℃
蕙兰（兰科）	12～3月	5～6℃	10～22℃	玛格莉特（菊科）	5～7月	5～6℃	5～15℃
水仙（石蒜科）	12～5月	0℃前后	5～20℃	吊钟花（柳叶菜科）	5～7月	7～8℃	15～20℃

＊开花时的最低温度，低于这个温度花就会受伤

第七章 世界无限宽广、探索没有尽头 各式各样的园艺

第七章 草花的栽培

世界无限宽广、探索没有尽头 各式各样的园艺

会开出美丽花卉的一年生草本、宿根植物、球根植物可谓是园艺的主流。洋溢着芬芳花香的生活让人感觉更充实多姿。

▌随着季节不断成长的乐趣

一般会认为园艺的乐趣在于"观赏",但实际接触后,你会觉得"培育"才是真正的打动人心的部分。而能够以最轻松的方式体会到这份欣喜之情的就是草花园艺。

植物的种子有的不到1毫米大,当如此微细的种子在自己的栽培下,开出楚楚动人的花朵时,那种感动更是深刻。此外,对于一般人平常容易忽略的季节变迁,园艺人也会因为种了草花而变得敏感起来。

发芽、开枝散叶、长出蓓蕾、开花……每天既担心又期待地关切着植株的变化,感觉四季的丰富多彩就在眼前,这就是培育草花最大的快乐。

▌先了解各种草花的特性

培育草花的第一件事就是取得种子、球根或幼苗。建议初学者从幼苗开始着手。花鸟市场、园艺店里都有出售陈列各式各样的花苗,可以先买自己喜欢的回家种种看。

每一种植物的特性都不一样,喜欢的环境也各不相同,最好能在培育前先了解它的特性。总之要先了解以下五项资讯。

花期参照表

	一年生草本	多年生草本	球根草花
冬、早春	三色堇、香堇菜、樱草类、紫罗兰、雏菊等	圣诞玫瑰、银叶情人菊等	水仙、小苍兰、番红花、酢浆草、雪花莲等
春	庭荠、麝香豌豆、彩虹菊、粉蝶花、紫色鹅河菊、屈曲花、宿根福禄考等	虾脊兰、耧斗菜、铃兰、蓝雏菊、蓝眼菊、蓝河菊、玛格莉特等	风信子、葡萄风信子、郁金香、铃兰水仙、银莲花、陆莲花、玉米百合、天鹅绒属等
初夏	矮牵牛花、翠蝶花、非洲凤仙花、马鞭草、黑种草、囊距花、金莲花、麦仙翁等	土丁桂、落新妇、百子莲、同瓣草、飞燕草、洋地黄、大滨菊、松叶菊等	葱属、百合水仙、百合、孤挺花、剑兰、海芋等
夏	牵牛花、日日春、万寿菊、小百日菊、向日葵、花烟草等	宿根马鞭草、硬叶蓝刺头、婆婆纳属、蜀葵、高杯花、桔梗、宿根翠蝶花、蓝尾草等	美人蕉、大理花、姜黄、火炎花、韭兰、石蒜属等
秋	大波斯菊、倒地蜈蚣、千日红、皇帝菊、鸡冠花等	菊花、秋海棠、秋牡丹、咸丰草、龙胆等	纳丽石蒜、秋水仙、番红花、黄花石蒜属等

①是一年生草本还是多年生草本？

对于一年生草本，花期结束就要把它拔起来，换种下个季节的花。这样虽然也很有意思，但每一季都必须要改种。种植多年草本可以省下改种的手续，但即使花期结束仍要为它保留空间。

②花期是什么时候？

知道了开花期才可以订立计划。此外要记住，在开花期间摘花蒂和施肥等的作业，会用去比平常更多的时间。

③喜欢全日照还是半日阴？

依据这项特性来决定植物的置放或种植场所。

④喜欢干燥的环境还是潮湿的环境？

浇水的频率会因此而不一样。如果是地植就要选土壤；如果是盆植，要注意不能把性质不同的植物种在一起。

⑤会长到多高多宽？

一般而言，草长愈高需要占用的空间就愈大。横向伸展的植物也要为它保留够宽的空间。

基本工作是浇水和摘花蒂

幼苗购入之后就要定植（见第28页），将之定植在花盆、庭园或花圃里。

日常管理最重要的工作就是"浇水"（见第96页）。浇水对庭园和花圃植物而言，基本上不成问题，但对盆栽而言却是关乎性命。浇水量过多或不足导致植物一命呜呼的案例并不少见。一般来说，浇水的原则是"干了就浇入大量的水"，在土壤干燥之前并不需要给水。

到了花期，不可或缺的作业还有"摘花蒂"（见第111页），也就是把开完的花摘除。此外，花期较长的植物还要记得施肥（见第104页）。如果是多年生草本，花期结束后还要施放礼肥。

植株的外观如果长乱了，就要修剪（见第74页）。有些种类植物修剪后又会再开很多花。

栽培的流程

草花的培育方法如下，详细方法请参照本书相关内容。

1 播种
在春天或秋天依适当的方法播种。
（见第48页）

2 育苗、移植
发芽之后，在长到一定大小之前要特别费心照顾。
（见第56页）

3 定植
把幼苗或球根定植在花盆或庭园里。
（见第28、34页）

4 摘心
把枝条的末端剪掉可以增加花的数量。
（见第109页）

5 日常管理
浇水　　　　　（见第96页）
摘花蒂　　　　（见第111页）
追肥　　　　　（见第104页）
每天都要关心照顾，让植物健康成长，开更多花。

7 修剪
如果伸展的枝条使外观显得零乱了，就剪掉2/3左右。这样就会再开很多花。
（见第74页）

8 如果是多年草本
改植　　　　　（见第82页）
或分株　　　　（见第88页）
或分球　　　　（见第92页）
植株过了几年长大后，就要改植或同时做分株，为植物重新注入生命力。若是球根它也就可以做分球了。

第七章 适合初学者的草花

世界无限宽广、探索没有尽头 各式各样的园艺

草花的种类很多，这里特别选出几种较容易取得以及好栽培的草花推荐给初学者。

不太需要照顾

马鞭草　　　葡萄风信子

- ☐ 三色堇
- ☐ 香堇菜
- ☐ 金盏花属
- ☐ 日日春
- ☐ 松叶牡丹
- ☐ 天竺葵
- ☐ 银叶情人菊

花期长

紫色鹅河菊　　　三色堇

- ☐ 雪花蔓
- ☐ 香堇菜
- ☐ 四季秋海棠
- ☐ 藿香
- ☐ 万寿菊
- ☐ 酢浆草
- ☐ 马鞭草

耐干燥

银叶情人菊　　　金盏花属

- ☐ 马齿苋
- ☐ 玛格莉特
- ☐ 天竺葵
- ☐ 永久花
- ☐ 海石竹
- ☐ 铜钱花
- ☐ 松叶菊
- ☐ 皇帝菊
- ☐ 金链花
- ☐ 日日春
- ☐ 柳穿鱼
- ☐ 马缨丹

可以种在日阴处

羽衣甘蓝　　　圣诞玫瑰

- ☐ 非洲凤仙花
- ☐ 龙头花
- ☐ 珍珠菜属
- ☐ 天竺葵
- ☐ 秋海棠
- ☐ 日本鸢尾
- ☐ 玉簪属
- ☐ 铃兰
- ☐ 雪花莲
- ☐ 锦蔓长春
- ☐ 常春藤

地植的管理

选择适合的植物并细心照顾

像庭园、花圃那样直接把植物种在地上的栽培方法就叫做地植。地植成功的关键在于选择适合该环境的植物,并掌握好日照及通风等(见第100页)。定植前要先制作土壤(见第131页)。

地植基本上是不需要浇水的,但刚定植的植株在其生根之前,如果土壤干了还是要浇大量的水。

另外,要注意除杂草。如果放任杂草不断生长的话,就会变成半阴的环境,杂草会跟植株抢夺土壤中的养分,导致定植的草花无法健康成长。所以一看到杂草就要拔掉,趁杂草还小的时候除掉会比较轻松。

摘花蒂(见第111页)也是不可或缺的作业。开完的花继续留在植株上,它就会长出种子或是成为疾病的温床。

就算在定植前有过翻土,只要过了几个月,土壤就又会结成硬块,使透气性变差。一旦土表变硬,就要用移植铲等在植株的基部附近轻轻把土壤挖松。这个作业称为"中耕"。此时如果混入缓释性肥料,开花状况就会更好。

花期终了的一年生草本会成为病虫害滋生的主因,应尽早挖起来。过于茂盛的多年生草本也要修剪(见第74页),以便解除闷热及日照状况不佳的困境。

植物会长得很大,请注意
不太需要照顾的多年生草本

就算本来是直径只有10厘米左右的可爱盆苗,拿去定植也可能会长到超出预期的大小。这样恐怕会影响到其他植物的生长,所以要审慎决定种植场所,并定期修剪整理枝条(见第74页)及分株(见第88页),以便维持植株的大小。

会木质化并越长越大	⊙菊花 ⊙银叶情人菊 ⊙玛格莉特 ⊙金露花 ⊙蓝雪花 ⊙天竺葵 ⊙迷迭香 ⊙薰衣草 ⊙快乐鼠尾草 等
会不断横向伸展	⊙草莓 ⊙蔓性福禄考 ⊙琉璃菊 ⊙花韭 ⊙贯叶泽兰 ⊙薄荷 ⊙马鞭草 ⊙粟米草 等

第七章 世界无限宽广、探索没有尽头 各式各样的园艺

享受寄植的乐趣

第七章 世界无限宽广、探索没有尽头 各式各样的园艺

■ 把多种草花组合在一起欣赏

把不同种类的植物组合，种在同一个花盆里称为"寄植"。寄植可以营造出有如小庭园般的缤纷感，是只有盆栽才能玩的华丽风。

寄植最大的魅力就是在有限的空间里享受无穷变化的乐趣。如果是大花盆，可以在松柏科植物或橄榄树的基部附近，用季节草花玩彩绘。就是因为空间很小，所以可以随兴地设计，这就是寄植独有的趣味。

■ 性质相异的植物要避免寄植

寄植的组合方法基本上是没有规则的，唯一要注意的是植物的性质。

例如把喜欢全日照和喜欢半日照的植物种在一起，就会没法顺利维护。同样地，也不可把喜欢干燥和喜欢潮湿的植物组合在一起。决定好花盆要摆放的场所之后，就要从适合这个环境的植物中进行选择。

■ 基本上要以花期相同的花组合

想达到美丽的寄植效果，花期的计算也绝对不能轻忽，基本上要选择在同时期开花的植物。虽说大多数草花在开花之前连叶子也会美不胜收，但只要花一开完，叶子就会跟着衰败。因此，最好选择花期终了时间差不多的植物。

如果以球根植物做组合的话，还有机会欣赏到葡萄风信子、银莲花、郁金香等球根植物的茎，从满开的三色堇丛中挺出并开花的美丽过程。

■ 配置时就要想象植物长大后的模样

整体的平衡感也是构成美丽的要素之一。预先想想植物长大后的模样，再决定种植的位置。植物的姿态主要可以分为以下三大类。①开枝散叶的左右伸展型；②向上生长的高挑玉立型；③垂坠型。只要把这几种类型适当组合，就能种出丰富而不杂乱的寄植盆栽。定植前先大略决定希望盆栽呈现的样貌，然后边考虑高低差边一一种下幼苗。基本组合方法是：①种在中央或前方；②种在后方或中央；③配置在周围。

还有一个诀窍，就是在组合中加入叶类植物，它们能把花卉衬托得更醒目。这样可以提升作品的品位喔！

寄植的基础

试着种一盆让当季花卉同场竞艳的作品吧！以稍微密一点的间隔栽种，就能营造出繁花锦簇的盛景。

要准备的东西

花盆（10号盆） 颗粒土（大粒赤玉土） 培养土 基肥（缓释性化肥，土1升对3克） 幼苗（银叶情人菊1株、香堇菜2株、初雪葛1株、纽扣藤1株、鹿蹄草1株、西洋报春花1株）

1 在花盆的底部填入颗粒土，再放入培养土和基肥，混合。

2 把盆苗原封不动地放进去，先确认配置和留水口。

3 从后侧开始依序种入。把苗从盆子里取出来，放进花盆里。如果需要把根拆松的话，就仔细地拆（见第30页）。

4 后侧的植物要种高一点，然后沿着锯齿状越种越低。放入培养土，边调整高度边继续种。

5 最前面的植株要种得最低，使叶子的高度对齐花盆的边缘。

6 用竹筷等细棒辅助填入培养土，不要留下空隙。接着把花盆稍微提起再放回地上轻震几下，使土表平整。

7 洒一撮基肥。浇水至盆底会流出水的程度，注意不要让水碰到花和叶子。

完成

第七章 世界无限宽广、探索没有尽头 各式各样的园艺

适合寄植的草花

第七章 世界无限宽广、探索没有尽头 各式各样的园艺

设计寄植盆栽时首先必须要了解植物的姿态。这里要介绍的就是"高挑玉立型""左右伸展型""垂坠型"这三种基本类型的代表性植物。

01 ✓ 左右伸展型

此类型植物高度中等,适合用来装饰花盆的中央或前方。选择花数较多的品种,就能营造花团锦簇的景象。加入观叶型的品种,看起来就会更稳重有序。

观叶类	赏花类		
☐ 银叶菊	☐ 三色堇	☐ 铜钱花	☐ 非洲凤仙花
☐ 坐垫木	☐ 香堇菜	☐ 彩虹菊	☐ 倒地蜈蚣属
☐ 银边翠	☐ 茱丽叶樱草	☐ 龙头花	☐ 万寿菊
	☐ 雏菊	☐ 翠蝶花	☐ 藿香
	☐ 蓝雏菊	☐ 矮牵牛花	☐ 日日春
			☐ 千日红

02 ☑ 高挑玉立型

这类型植物宜配置在花盆的后方或中央,这能让整体看起来更有次序。基本的配置方法是,先把这种高挑的植物配置好,再依序往眼前越种越低。如果使用花木或果树等,盆栽就会显得更有个性。

观叶类
- □ 松柏科植物
- □ 橄榄树

赏花类
- □ 紫罗兰
- □ 报春花
- □ 水仙
- □ 郁金香
- □ 风信子
- □ 陆莲花
- □ 柳穿鱼
- □ 天竺葵
- □ 黄花龙芽草
- □ 贯叶泽兰
- □ 金鱼草
- □ 蓝尾草
- □ 小百日菊
- □ 黑种草
- □ 银叶情人菊
- □ 大波斯菊
- □ 鼠尾薰衣草
- □ 飞燕草
- □ 洋地黄

03 ☑ 垂坠型

像是从花盆里溢出来似的垂坠型植物能为整体设计增加动感,让人印象深刻。常用的有常春藤等的观叶类植物。以下的列表还包括庭荠、土丁桂等有向外溅出或向下洒落的感觉、能让盆栽横向展开的植物。

观叶类
- □ 常春藤类
- □ 永久花
- □ 连钱草
- □ 薜荔
- □ 纽扣藤
- □ 锦蔓长春
- □ 孔雀草
- □ 吊兰

赏花类
- □ 庭荠
- □ 粉蝶花
- □ 雪花蔓
- □ 马缨丹
- □ 土丁桂
- □ 金莲花
- □ 马鞭草
- □ 马齿苋
- □ 高杯花
- □ 珍珠菜属
- □ 旋花属
- □ 蔓性福禄考
- □ 头花蓼

第七章 世界无限宽广、探索没有尽头 各式各样的园艺

别有一番趣味的挂式盆栽

第七章　世界无限宽广、探索没有尽头 各式各样的园艺

▎吸引眼球的空中盆栽

"挂式盆栽"就是把花盆钉挂或悬吊在墙壁或屋檐等处做成立体装饰。它以轻盈的身姿彩绘空中，给人一种与地上花盆不同的印象。这种和平常不一样的角度欣赏草花，其新鲜感也让人不禁驻足。

挂式盆栽最大的特点就是不占场所，而且可以摆在最醒目的位置。它用来装饰门扉或栅栏等，让经过的人共享季节草花的风采；也可挂在阳台的栏杆或框格上，这样室内外都能看得很清楚。

▎初次制作请用塑料容器

容器分为挂墙型和悬吊型。其素材较具代表性的有：以铁丝加椰子壳纤维或树脂衬里的花篮，和密集栽培用的开叉型塑料盆。初学者建议选用不易干燥且容易定植的塑料容器。

土壤（见第124页）要用轻一点的。而且挂式盆栽是处在半空中的，土壤会很容易干燥，要重视土壤的保水性。另外，为了防止水分蒸发，应在土表覆盖水苔等。

▎选用蓬松展开且花量较多的草花为宜

挂式盆栽的植物选用蓬松茂盛的草花和垂坠的草花为宜，高挑型的则不适合。迎风轻摇的姿态也很有魅力，所以也推荐会开出很多小花的类型。

耐干燥且花量较多的草花有矮牵牛花、日日春、金莲花、马齿苋、紫色鹅河菊、皇帝菊等。娇柔多花的三色堇、香堇菜、翠蝶花、庭荠、雪花蔓等也很常用。

▎请多花点时间浇水

容易干燥的挂式盆栽必须频繁地浇水，要经常留意，只要干了就补充大量的水。浇水时慢慢地来回浇几次，要确保所有的角落都有浇到才行。浇完之后要把花篮拿起来感觉一下重量，检查是否已充分吸水。

水浇多了肥料会流失，所以不要忘记追肥。如果是液态肥料的话，就把它稀释，然后分成多次施用，这样效果会更好。液肥应稀释成平常的2倍，然后每周1~2次代替浇水施用。

挂式盆栽制作

初学者也能轻松使用的塑料花篮。侧面的开叉各定植2株，上部则定植3株。

要准备的东西

挂式花篮（开叉型） 颗粒土（大粒赤玉土） 培养土 水苔 基肥（缓释性化肥，土1升对3克）幼苗（香堇菜9株、银色坐垫木2株、常春藤1株）

1 在开叉处用胶水黏贴上海绵，露出表面的海绵上抹上培养土。

2 填入颗粒土至2～3厘米高，把培养土和基肥拌一拌，填到紧邻开叉的高度。

3 从侧面的下段开始置入幼苗。从盆中取出幼苗，把土拨落1/3，注意不要弄断根。从海绵开叉处穿过去种。

4 依相同方法拆松根盆并一一置入，下段的苗都放好了就填入培养土。

5 在与下段稍微隔开的高度放入上段的植株。

6 上段都摆好之后就再填入培养土。最后种上部的苗，如果可直接放进去的话，不拆根盆也没关系，但植株要向前倾一点。

7 填入培养土，用细棒戳一戳，使土壤平均散布填实。挂式盆栽很容易干燥，请在空隙处置入水苔。

8 看一下整体外观，调整幼苗的面向。浇入大量的水，完成。

第七章 世界无限宽广、探索没有尽头、各式各样的园艺

香草的栽培

第七章 世界无限宽广、探索没尽头 各式各样的园艺

香草一开始是被当作药草来利用。它们在大自然中能健康成长，生命力非常旺盛，所以栽培并不困难。

地植要慎选场所

香草就是指在我们生活中有用处的草花。它并没有清楚的定义，但一般是指可被当成药草、香辛料、茶、食材或香料等利用的植物。

提到香草时，会被列举出来的有薄荷、薰衣草、迷迭香、百里香、鼠尾草、罗勒、洋甘菊、柠檬草、芫荽（也称胡荽或香菜）等。它们本来都是野草，所以都很好种。不过相反地，地植时不去特别照顾也会长得很大很健康。所以在种的时候一定要慎选场所，或是干脆用花盆来种。

一点一点地增加种类

不论是哪一种香草，种植多了都会用不完，而且香草是很坚韧、繁殖力很强的植物，所以不妨一点一点地栽种各式各样的种类。

选择品种时只要考虑用途就行了。

要像茶、薄荷水那样当饮料喝的话，可以种薄荷类、香蜂草、柠檬草、洋甘菊、薰衣草等。想用在料理中的话，可以种百里香、迷迭香、鼠尾草、奥勒冈、茴香、芫荽、虾夷葱、巴西里、意大利巴西里等。想用来做香包的话，一般是用薰衣草、洋甘菊、薄荷、迷迭香等。

香气会因触碰而变得更浓郁的品种，如迷迭香、薰衣草、百里香、薄荷、香蜂草等，建议种在出入较频繁的场所。只要经过它们，腿上就会留下香气，当然也可以摘一点下来慢慢享受它的芬芳。

主要几种香草的性质及用途

	原产地	分类 一 一年生草本 / 多 多年生草本 / 木 灌木	日照 日 喜欢全日照 / 半 喜欢半日照	浇水 干 喜欢干燥 / 普 普通 / 湿 喜欢潮湿	温度 暑 耐热 / 寒 耐寒	土壤 瘠 用瘠地栽培肥料不能给太多 / 普 普通 / 肥 喜欢肥沃的土壤	用途 茶 茶 / 料 料理 / 香 香包
薄荷	地中海沿岸	多	日 半	湿	寒	肥	茶 香
柠檬草	热带亚洲	多	日	普	暑	普	茶 料
德国洋甘菊	欧洲	一	日	普	寒	普	料 香
薰衣草	地中海沿岸	木	日	干	寒	瘠	料 香
迷迭香	地中海沿岸	木	日	干	寒	瘠	料 香
百里香	地中海沿岸	木	日	干	寒	瘠	料
鼠尾草	地中海沿岸	木	日	干	寒	瘠	料
奥勒冈	欧洲	多	日	干	寒	瘠	料
巴西里	热带亚洲	多	日	普	暑	肥	料
芫荽（香菜）	地中海沿岸	一	半	湿	暑	肥	料
意大利巴西里	地中海沿岸	一	半	湿	寒	普	料
细叶香芹	地中海沿岸	一	半	湿	寒	肥	料
虾夷葱	欧洲	多	日	湿	寒	肥	料

迷迭香　　百里香　　鼠尾草　　薄荷　　虾夷葱

▍时常摘心兼利用

大多数的草花从春天到初夏都会很茂盛。此时若能经常摘心（见第108页）兼利用的话，不断长出的侧芽就会使植株更加茂盛。枝叶增加了，能采收的新鲜叶子就会变多，特别是对想采收嫩叶的巴西里等而言，摘心绝对是不可少的。

如果植株愈长愈茂盛，来不及收获的话，就要修剪（见第74页），以免植株闷热。把修剪下来的叶子通风晾干，再收到密闭的容器或瓶子里保存即可。

此外，大部分的香草都可以利用扦插法（见第58页）或分株法（见第88页）轻松繁殖。所以修剪下来的枝条也可以拿去扦插。

▍利用改植更新植株

盆植的多年生香草必须要改植（见第82页）。如果根已经长满盆内了，就要在春天或秋天改植。

地植的香草，就算有反复修剪，长年种下来茎也会木质化，导致新芽或新枝不易伸展。此时也可以做植株更新。新株可以用扦插或分株法培植。

繁殖力旺盛的薄荷如何地植

香草的生命力非常旺盛，多数只要种在适当的环境中就会不断繁殖。尤其是像薄荷、罗马洋甘菊等地下茎会横向延伸的植物，地植的话很可能会长过头，凌驾于其他植物之上。如果不希望它的范围扩张得太大，就连盆子一起种，或在四周用30厘米以上的板子围起来。

第七章　世界无限宽广、探索没有尽头　各式各样的园艺

第七章 蔬菜的栽培

世界无限宽广、探索没有尽头 各式各样的园艺

种蔬菜可以边栽培边享受现采蔬果的好滋味。每天看着它成长中的样貌并期待收获，享受有别于草花栽培的乐趣。

培育珍奇品种是蔬菜栽培的趣味所在。

充满趣味的蔬菜栽培

种菜除了享受收获、品尝的喜悦之外，守护它生长的过程也同样充满乐趣。因为想吃到美味的食物而特别费心照顾，这个过程就很有意思。就算它稍微长得不漂亮或是发育不良，自己劳作的结晶还是比市售的菜蔬更要美味。

最近，玩盆栽蔬菜越来越普遍了。如迷你番茄、迷你胡萝卜等，愈来愈多的品种都可以在花盆就种了。

栽培超市买不到的珍贵品种也是蔬菜栽培的乐趣之一。

轻松好种的叶菜类，费时费力的果菜类

蔬菜分为叶菜类、根菜类、果菜类及芋类等。

初学者也能轻松培育、不易失败的有日本油菜、茼蒿、菠菜、茼苣等的叶菜类。这种采收叶子的蔬菜在开花结果之前就要收成，所以栽培期间只有一个月，很短，轻轻松松就可以收获了。

反之，要稍微花点工夫的则有番茄、茄子、小黄瓜等的果菜类。种这类蔬菜要让植株开花，然后再把果实养大，花费时间精力较多。但用心血换来的果实也会令人欣喜万分。此外，最近市面上对病虫害及冷热较具抗性的品种也越来越多了，所以就算是初学者，也不必照顾得太辛苦。

了解适期是成功关键

蔬菜栽培的关键是适期。如果能在适期栽培，植株受到的压力就会比较小，进而可以顺利成长。因此想种菜的话，首先要知道现在适合种什么，知道适期是很重要的。

如果要从春天开始种，叶菜类、番茄、青椒、茄子、苦瓜等夏季蔬菜都很适合。如果要从秋天开始种，除了叶菜类，还可以种些根菜类。

如果只是为了兴趣而种菜，那么一次收获很多会吃不完。此时建议您少量多品种地栽培。如果要种叶菜类的话，可以考虑错开播种日期，让收获期也错开。

每种蔬菜都有适合的作业

栽培蔬菜必须比栽培草花更重视土壤的制作，用肥沃土壤培育出来的叶子肯定会更为饱满。施肥的量必须充足，尤其是栽培期较长的果菜类，如果不勤于施肥，果实的质量就会变差。此外还要摘心和摘侧芽（见第108页），让果实更丰硕。

不同种类的蔬菜培育方法也各有不同。要详细阅读种子袋上或幼苗旁的说明书，并施以适当的作业。

■ 盆植从选盆开始

盆植蔬菜，花盆的选择也很重要。例如番茄之类长得较高的蔬菜，根就必须要扎得够深。此外还要插上支柱，所以花盆的深度一定要超过 25 厘米才行。反之，长得较矮且栽培期较短的叶菜类只要用深 15 厘米左右的浅盆就够了。

另外，萝卜、马铃薯等会在土中长大的蔬菜，必须要有足够的土量。但是用大花盆又会太重而且不好处理，建议使用强韧的大袋子来栽培。

■ 不要错过最美味的时期

收获时机的判断也是种菜的一个难点。采收自己心血结晶的蔬菜多少会有些不舍，所以刚开始总是会太晚采收。但一旦错过适期，蔬果就会变硬、变酸涩，就没那么好吃了。掌握适期收获也可说是重点之一。

开出美丽花朵的秋葵。

主要几种蔬菜的定植适期及收获时机

适期会根据所在地不同而变化。
收获时机为初次收获的参考时间点，会因季节及品种而异。

	播种或定植幼苗的适期 种播种　苗定植幼苗	参考的收获时机
〔叶菜类〕		
日本油菜	种 3~5月中旬、9~11月	播种完 30 日后
茼蒿	种 3月中~5月上旬、9~10月	播种完 30 日后
菠菜	种 3月中~5月上旬、9~10月	播种完 30 日后
摩罗叶	苗 6~7月	定植完 35 日后
韭菜	苗 6~7月	定植完 80 日后
绉叶茼苣	种 3~4月、9~10月中旬	定植完 30 日后
高丽菜	苗 8月下旬~9月	定植完 70 日后
花椰菜	苗 8月下旬~9月	定植完 85 日后

＊花椰菜是十字花科食用蓓蕾的蔬菜，正式归类应为"蕾菜类"

〔根菜类〕		
胡萝卜	种 3~4月中旬、7月下~8月中旬	播种完 80~120 日后
白萝卜	种 3月下旬~4、8月下旬~9月	播种完 60~140 日后
小芜菁	种 3月中旬~4、9~10月中旬	播种完 50 日后
〔芋类〕		
马铃薯	苗 种芋2月下旬~3、8月下旬~9月中旬	定植完 90 日后
番薯	苗 5月中~6月中旬	定植完 5 个月后
〔豆类〕		
菜豆	种 4月中~6月中旬	播种完 45~55 日后
毛豆	种 4月中~5月	播种完 70~80 日后
荷兰豆	种 10月中~11月上旬	播种完 6 个月后
〔果菜类〕		
番茄	苗 5~6月	定植完 50~60 日后
茄子	苗 5月	定植完 50 日后
青椒	苗 5月	定植完 50 日后
小黄瓜	苗 5月	定植完 40 日后
苦瓜	苗 5月中~6月中旬	定植完 50 日后
南瓜	苗 5月	定植完 50~60 日后
秋葵	种 4月下~6月上旬	定植完 40 日后

第七章　世界无限宽广　探索没有尽头　各式各样的园艺

盆栽迷你番茄

迷你番茄用花盆种也可大获丰收。只要选择抗病毒性较强的幼苗，初学者也可以轻松培育。

1 种植幼苗并架设支架

5月中旬就是迷你番茄的适期。用大花盆定植幼苗并架设支柱。

选择茎较粗、节间距离较短的幼苗，并在刚长花芽的时候定植。这里用的花盆是60厘米×30厘米，深27厘米，种2株。

根盆不必拆开，小心地定植好。植株会长到1.5米高左右，所以要准备长一点的长杆。长杆应2支一组平行地竖立，并把上部绑在一起，两组长杆再如图用横杆相连扎成一个支架。

把植株固定在支架上以免倾倒。先把绳子挂在茎上，然后轻扭几圈，最后绑在支架上固定。

圆形花盆支架架设方法

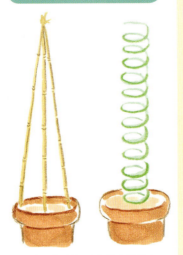

把3根长杆平均插在花盆上，末端紧绑在一起。如果使用螺旋状的专用支架，就只要把幼苗种在中央，无须用绳子固定，更简便易行。

2 摘侧芽

定植后经过15天左右，植株就会长出健康的枝条，之后就要适当地摘侧芽。

叶子茎枝的基部会长出侧芽，应趁侧芽还小的时候用手指捏着它的根部往后拉扯掉。番茄很容易感染病毒病，用手代替剪刀摘除就可以预防传染。

这就是侧芽

番茄每隔3片本叶就会长出花房，以此为1个单位，把第一个开花的枝称为第1段，然后再往上就是第2段、第3段……侧芽就是在枝与枝之间的基部冒出的芽。

第七章 世界无限宽广、探索没有尽头 各式各样的园艺

➌ 牵引

为了避免茎被风或重量折断,应用绳子固定好。绳子要挂在有开花的枝条下方,要轻轻地绕过去,不要把茎弄伤了。

在因为结了果实而变重的枝条下方加绳子支撑。

茎还会越长越粗,所以绑的时候要松松的,留下宽裕的空间。

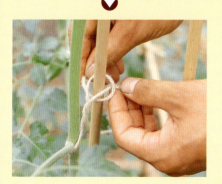

绑在支柱上的部分要牢一点,不可松脱。

➍ 受粉和摘心

定植后过 30 天左右,花就开了,第 1 段开始结果。受粉和摘心是为了想吃到更多更美味果实。

如果花开了,就在早上轻摇花房帮助受粉。阳台等处昆虫一般都不会来,摇一下比较安心。

植株顺利生长到第 5～6 段(手快要够不着的高度)时,就选个切口较容易干的晴天,在中午之前狠下心来把末端剪掉。切口如果有积水的话会腐烂,须特别注意。

➎ 收获

定植后过 50 天左右就是收获期了。等整颗果实都熟了,就一个一个地摘下来。过熟的话果实会裂开,须特别注意。

果实会由下段开始依序成熟,同一房的则是越靠近茎的先成熟。从蒂头上方凸出的部分压下去就会很好摘下果实。

别忘了追肥

初结的果实长到 1～2 厘米大小时就要施用液肥或有机肥。之后大概每 2 周施用 1 次即可。

盆栽叶菜类

这里要介绍的是十字花科的代表——日本油菜。

收获叶子的叶菜类蔬菜，栽培期间较短，园艺初学者也可以轻松挑战。

1 播种

想种植叶菜类蔬菜，为了增加收获量，建议使用细长型的花盆，并采用间拔和采收都很方便的条播。

以 10～15 厘米的间隔做两条 1～2 厘米深的沟。在沟中以 0.5～1 厘米的间隔播种，覆盖土壤，抚平表面，浇入大量的水。请用喷雾器勤快地补水，发芽前绝不能让土壤干掉。

间拔的基准

拔下不好的苗，留下长得比较好的，把各株之间的距离拉开 2～3 厘米。

间拔前

间拔后

2 间拔

播种完 7～10 天，种子会长出 3～4 片本叶。花盆变得很拥挤，这时要做间拔了。间拔取得的叶子也可以吃。

把发育较差的植株轻轻地拔起来，使植株之间的距离为 2～3 厘米。

间拔后土量会减少，这样植株会不安定，应补足。

把土推到植株的根基部做成小土丘，以免植株倾倒。之后要浇大量的水。

3 收获

菜苗长到 20～25 厘米就可以收获了。错过采收时机的叶子会变硬，请不要犹豫，好好把握。

播种后过 30 天。叶子长得很大了，颜色也很深，已是收获的好时机。

请一株一株小心地采收，不要伤到叶子。拉着根部，往正上方拉起来。

菜园的作业

▌制作土壤是每年都要做的重要工作

菜园栽培的第一件事就是制作土壤。蔬菜要吸收土里的养分来成长，如果每次都一直用相同的土壤栽培，不但养分会枯竭，也会容易发生病虫害。因此每年都必须要重新制作土壤。

一开始先用铁锹翻土约30厘米深，然后以1平方米对100～200克的比例加入石灰。1～2周后把土壤翻松，以1平方米左右对2千克的比例混入堆肥和腐叶土并拌匀。

接着要做"畦"。畦就是把翻松的土堆成条状的小丘，这样根就可以在更深的松土中尽情地伸展。高度5～10厘米的畦称为平畦，20～30厘米的称为高畦。排水性较差的土壤要做成高畦。

堆制时要记得加入基肥。加基肥有两种方法，一种是将基肥混入整个畦当中，另一种是在畦的中央挖条沟置入基肥。

畦与施肥方法

畦就是为了方便蔬菜的根部向下伸展并改善排水性而堆高的土丘。种植叶菜类可将肥料混入整个畦中，果菜类则集中将肥料放在植株的下方。

▌种蔬菜的各种作业

种菜受气候影响是在所难免的，但为了减轻受害程度，一定要做各种的相关作业。

即使一开始有把土壤充分翻松，土表还是会受到下雨等的影响而变硬。这样透气性和排水性都会变差，所以每个月都要用锄头或铁锹等轻轻翻动土壤一两次，这个作业称为"中耕"，可在施用追肥时一并完成。如果发现因风雨而导致土壤流失，也应在中耕时将土壤补足，把土壤推到植株的根基部。这个作业称为"集土"。

用稻草或塑料膜等遮盖土表或植株基部的作业称为"覆盖"。这项作业还可以防止土壤干燥、地温上升、杂草、病虫害，以及防止雨水反弹溅到植株。

严寒时期必须要铺上"遮罩"，目的是保温和抗霜，方法则是直接把不织布盖在蔬菜上作为保护。看起来像小塑料屋的"隧道"也具有相同的效果。

还有，各项作业中最基本的就是除去抢走土中养分和水分的杂草。特别是在刚播种、刚定植完，植株生长势还很弱的时候，请一定要仔细地除草。

如何避免连作障碍

在相同的土中连续种植同类或同科的蔬菜，会导致土壤的营养成分失衡或病虫害大量发生，植物无法正常生长。这种情形称为"连作障碍"。连作障碍有时要追溯到好几年前。请参考下表的年数，订立转换栽培场所的"轮作"计划。

避免1～2年连作	⊙小芜菁 ⊙白萝卜 ⊙花生	等
避免2～3年连作	⊙高丽菜　⊙莴苣 ⊙白菜　　⊙洋葱 ⊙毛豆　　⊙小黄瓜 ⊙胡萝卜　⊙葱	等
避免4～5年连作	⊙番茄、茄子　⊙青椒 ⊙马铃薯　　　⊙荷兰豆 ⊙菜豆　　　　⊙蚕豆	等

第七章　世界无限宽广、探索没有尽头　各式各样的园艺

第七章 庭木的栽培

世界无限宽广、探索没有尽头 各式各样的园艺

庭木有很多种类。要先了解树木的种类和性质,然后根据用途及场所决定要定植哪一种。

■ 平衡地选择三种类型的树木

树木可以分为落叶树、常绿树、针叶树这三大类。落叶树在休眠的冬季叶子会掉光,特征是可以欣赏到新绿、开花、红叶等的四季变化。相对于此,常绿树则是一整年都长着绿叶。但也并不是说常绿树就完全不会落叶,第二年的叶子还是会一点一点地掉下来。针叶树又称为松柏科植物,它们有着像针一样细细的叶子,其中大部分是常绿树。把这三大类型的树木平衡地组合搭配,也是庭园造景的技巧。

初学者或是没时间的人最好选择容易维护的树木。树木必须要剪定,但如果是生长速度较慢或树形不易零乱的类型,就不必这么费事了。例如,叶子很凉的冬青,初夏会开出白色小花的橡叶绣球花等,就是树形原本就很漂亮整齐的类型。初冬会长出红色果实的朱砂根等,枝条几乎不会分叉,只会向上长,所以树形也不会乱,很容易维护。此外,所有的针叶树都长得很慢,也算是管理上比较轻松的植物。

■ 先想象一下期望中的庭园风貌

最近许多人选择了充满季节感的自然风庭园。与欣赏雕琢之美的日式风格庭园不同,自然风庭园纳入了各种杂木和果树,把大自然完美地融合在生活当中。

除了能够细细品味新绿、开花、红叶等树木在每个季节中展现的不同风貌,种植庭木能带来更多的乐趣。

例如,种植果树就可以享受收成的乐趣。不仅蓝莓、覆盆子、柑橘、柠檬、樱桃等的水果树,连橄榄树、胡椒木等也可以当成庭木。

如果希望鸟儿造访,可种会长树果的庭木。杨梅、木半夏、悬钩子等都会在夏天结出可爱的果实。秋季结果的植物则有蔷薇科火棘属、南天竹、日本紫珠等。组合栽种各式各样的树木,只为了能欣赏到四季变化。

庭木的种类

常绿树	⊙光蜡树 ⊙灰木科 ⊙冬青 ⊙杨梅 ⊙小叶青冈 ⊙橄榄 ⊙丹桂 ⊙朱砂根 ⊙皋月杜鹃
落叶树	⊙日本紫茎 ⊙加拿大唐棣 ⊙枫类 ⊙鹅耳枥 ⊙紫阳花 ⊙兰屿野茉莉 ⊙美国四照花 ⊙山茱萸 ⊙日本紫珠
针叶树	⊙针叶类 ⊙松类 ⊙矮紫杉 ⊙倒地柏 ⊙红豆杉 ⊙罗汉松 ⊙真柏

浇水与施肥

种在庭园里的树木如果根已扎入土壤中，它就不需要特别照顾了。因为根深入土壤中之后会自行吸收水分和养分，所以不需要刻意浇水。

庭园里的树木即使不施肥也会成长。如果硬给不健康的植物施肥，反而会导致消化不良，甚至枯萎，这点要注意。庭木的施肥以寒肥（见第106页）最重要。寒肥就是在植物休眠的12月中旬至翌年2月上旬施用的肥料，这是植株此后一年的肥料。在冬季大量施用缓释性有机肥料，营养就会慢慢渗透到土中，能配合春天的发芽，有效地促进植物生长。

订立植栽计划

"植栽计划"就是建立庭木种植的蓝图。借由植栽计划的实行，可以完成美感与功能性兼具的庭园。

首先确认定植场所的日照情况和土壤性质，每一种树木适合的生长环境都不一样，务必事前掌握。

接下来要依据定植场所及用途选择树木。首先，庭园选景不可或缺的是成为庭园焦点的象征树。就算是小庭园，也要有象征树，让整体看起来井然有序。象征树会成为整体景观的焦点，选用树形美观且能欣赏到四季变化的落叶树较为适宜。

用于遮蔽外来视线的树木可以选择一整年都枝叶茂密的常绿树。冬天落叶的落叶树会达不到理想的效果。面向邻家的绿篱要选择枝条扩张性不强的长绿性灌木，这样才不会因为伸出的枝条或落叶造成邻居的困扰。

要彻底了解树木的性质及周围的环境，设计一个专属自己的特色庭园。

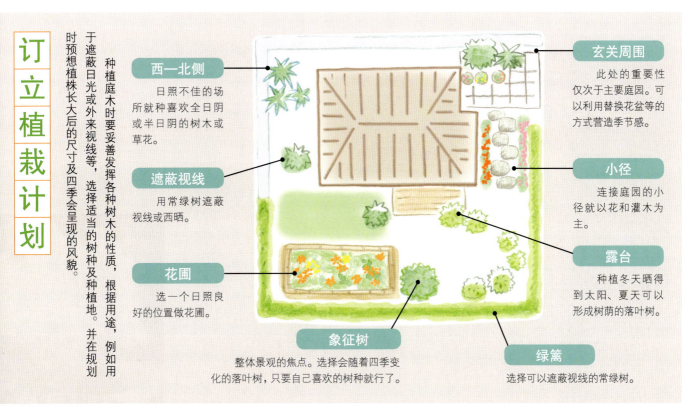

订立植栽计划

种植庭木时要妥善发挥各种树木的性质，根据用途，例如用于遮蔽日光或外来视线等，选择适当的树种及种植地。并在规划时预想植株长大后的尺寸及四季会呈现的风貌。

西—北侧：日照不佳的场所就种喜欢全日阴或半日阴的树木或草花。

遮蔽视线：用常绿树遮蔽视线或西晒。

花圃：选一个日照良好的位置做花圃。

象征树：整体景观的焦点。选择会随着四季变化的落叶树，只要自己喜欢的树种就行了。

玄关周围：此处的重要性仅次于主要庭园。可以利用替换花盆等的方式营造季节感。

小径：连接庭园的小径就以花和灌木为主。

露台：种植冬天晒得到太阳、夏天可以形成树荫的落叶树。

绿篱：选择可以遮蔽视线的常绿树。

第七章 花木的栽培

世界无限宽广、探索没有尽头 各式各样的园艺

庭园造景绝对少不了开花型的树木。花木有美丽的花、香气、果实，还有会随着季节变迁换上新装的叶子等，观赏乐趣无穷。

在自家庭园欣赏四季花木

缤纷色彩的花木是庭园造景不可或缺的。选择时，除了花的长法、大小、色彩、形状、香气等个性之外，还要考虑到花期。

山茶花从秋天到春天都会开花。它从小轮到大轮，从一重瓣到八重瓣、筒瓣都有，种类很丰富。梅花花朵漂亮，闻起来很香，甚至有些品种的果实可以吃。4~6月有麻叶绣球花、常绿的杜鹃花、蔓性植物的藤花等；初夏则有紫阳花、山茱萸等，分别迎接各自的花期。如果把花期不同的花木组合起来，就一年四季都能享受赏花乐趣了。

花木日历

花木的魅力在于能够亲眼感受四季的变迁。通过这张日历，你可从中了解花期，根据自己喜欢的颜色和香气，找出自己喜爱的花木。

冬：梅花、欧石楠、茶树、寒梅、蜡梅、金缕梅、异叶木犀、茶梅

春：连翘、雪柳、藤、紫木兰、牡丹、美国四照花、麻叶绣球花、紫丁香、蔓性玫瑰、杜鹃花、山茶花、杜鹃花属

夏：玫瑰、铁线莲、溲疏属、皋月杜鹃、金链花、山茱萸、光蜡树、紫阳花、胡枝子属、金丝桃、夹竹桃、紫薇

秋：丹桂

根要健康花才会开得好

种在庭园里的花木只要日照没问题，成木之后就会开花。但有的种类还是需要特别照顾的。例如，山茶花和茶梅在较干的土质中会无法吸收足够的水分，就算长出蓓蕾，最终也会不开花。要解决这个问题，就应于4月中旬在植株根基部的周围挖放射状的浅沟，把根切断。然后施放堆肥等有机质肥料，让新生的根吸取足够的水分和养分，这样它就会开花了。

树势容易衰弱的花木要摘花蒂和蓓蕾

杜鹃花属植物在开花结果时会消耗大量的养分。花期过后植株会很疲惫，有可能到隔年的花期树势都还没有恢复。有这种性质的花木就必须勤摘花蒂。

花一开完就立刻摘掉花蒂，不要让它结出果实，这样就可以维持树势。就算想要种子，也不必留太多花蒂，只要留几朵就可以得到很多种子，其他的都尽快摘掉。

有些品种开花后长出的枝条并不会发花芽。花芽就是指接下来会开花的芽。没发花芽的话，花木隔年就不会开花了。因此，秋天到冬天结的蓓蕾要摘掉一半。这个作业称为摘蓓蕾。摘除蓓蕾的部分到了花期也不会开花，但那里会长出新的枝条。开花前长出的枝条会发花芽，所以隔年会开花。像这样把发花芽的时机错开，原本隔一年才会开花的花木就会变成每年都开花了。

剪定枝条时别把花芽也剪掉了

年轻的植株伸出枝条并渐渐长大叫做"营养生长",开花并生出种子叫做"繁殖生长"。一般来说,植株在营养生长的期间是不会进行繁殖生长的,因此也不会发花芽。

从枝条上发出的芽分为会长出枝叶的叶芽和会开花的花芽。想要赏花品果的话,让植株长出花芽就至关重要了。为了避免在剪定枝条时把好不容易长出的花芽也剪掉,请确实了解发花芽的时期和位置。

花芽大多会在夏秋之间长出来,快的话当年,慢的话隔年就会开花了。只要注意观察就会知道,剪定时千万要避免剪到花芽。

每种树木发花芽的位置都不一样,有些会在当年长出的新枝条末端发花芽。如果一不小心在发了花芽之后进行修剪或剪定,把花芽剪掉,好不容易得到的花就没有了。如果等花开完了再修剪,隔年就会长出发了花芽的新枝。

有些植物是在枝条的侧面发出花芽。此时只要不把枝条从根基部剪断,剩下的花芽就还是会开花。不过,枝条长得太长也会不容易发花芽,所以剪到1/3~1/2的长度就好,这样才能得到更多的花芽。

第七章 世界无限宽广、探索没有尽头 各式各样的园艺

了解花芽的位置

要正确认识发花芽的时期和位置,让植株开出美丽的花朵。

好不容易发出的花芽如果因为剪定而被误剪掉了,那么即使到了花期植株也不会开花。花芽的位置依花木种类不同可以分成三类。

紫木兰
长在枝条末端大大蓬蓬的是花芽,长在侧面小小尖尖的是叶芽。

梅花
枝条侧面长了很多形状圆滚滚的花芽,末端则长了叶芽。

花芽的长法

顶芽会成为花芽的树木
- 紫木兰
- 夹竹桃
- 金丝桃
- 瑞香
- 金丝梅
- 杜鹃花类
- 山茶花
- 茶梅 等

侧芽会成为花芽的树木
- 梅花
- 桃花
- 丹桂
- 西番莲
- 紫荆
- 斑叶络石
- 蜡梅
- 寒梅
- 雪柳 等

顶芽和侧芽都会成为花芽的树木
- 木槿
- 石榴
- 小叶瑞木
- 木芙蓉
- 紫薇
- 紫阳花
- 藤
- 胡枝子
- 牡丹 等

第七章 世界无限宽广、探索没有尽头 各式各样的园艺

玫瑰的栽培

玫瑰种类非常丰富，自古以来就种植在家中的庭园里。它四季开花的品种也很多，当成象征树或绿篱都不错。

很多品种四季开花，一整年都可以赏花

玫瑰的园艺品种据说有15000种以上，并且分成几个系统。其中最受欢迎的是茶香系（Hybrid Tea），四季都会开出大轮花。此外还有会开出中轮花且较为持久的丰花玫瑰系（Floribunda）和大家比较熟悉的迷你玫瑰系（Miniature）等。

良好的日照是必备条件

培育玫瑰必须选择日照、通风都很好的场所。玫瑰不喜欢干燥，土质以保水性较佳的黏土质为佳。就算是地植，土表干了也必须浇水。浇水的要领是一次浇透。浇少了，水会只渗入表层，那么根也只会在表层附近伸展，不会深入地底。

此外，玫瑰需要很多肥料（见第104页）。除了1月下旬～2月中旬要施寒肥之外，开花后也一定要施礼肥。

湿度较高的时期要注意防范白粉病、黑星病、蟑螂等病虫害（见第118页）。请仔细观察植株，一旦发现就立刻除去病叶或害虫。

为了确保开花，冬天和夏天都必须剪定

冬季的剪定请在1月下旬～2月进行。剪掉多余的枝条，改善了通风，还可以预防疾病和害虫。要在距离地面40～50厘米的外芽上方5毫米处，以与芽平行的方向剪断。

夏季的剪定只有四季开花的玫瑰要做，时间是8月末～9月上旬。此时只要稍微整理树形即可，枝条大约剪掉1/5即可。另外，四季开花的玫瑰开花后必须摘除掉花蒂，这样下次花才会开得好。

小资料

- 蔷薇科蔷薇属
- 原产地：北半球的亚寒带～亚热带
- 花期：春～秋

摘花蒂

3片叶

5片叶

摘花蒂的位置不是在紧邻花的下方，而是在5片叶子的上方，这样就会长出长长的新枝，并开出大朵的玫瑰花。

铁线莲的栽培

铁线莲是蔓性花木，开着优美花朵，颜色和形状都很丰富，而且对病虫害的抗性很强。全日照和半日照都能适应。

小资料

- 毛茛科铁线莲属
- 原产地：日本、中国、朝鲜半岛
- 花期：春~秋

色彩鲜艳充满魅力，也有四季开花的品种

铁线莲是一种能把栏杆和墙壁装饰得美轮美奂的蔓性植物。它有很多园艺品种。以开花来说，有一季开花的，也有四季开花的。以花形来说，有钓钟形、平面状等。以颜色来说，则有黄、白、红、粉红、紫、青等，缤纷多变且色彩艳丽。

铁线莲基本上很喜欢日照，但是却不耐暑气，所以夏天要注意不能让花盆或植株基部受到日光直射。土质要选排水性佳且不容易干燥的。

利用藤蔓的剪定及牵引作业，增加开花量

铁线莲的藤蔓会长得很长，要剪掉多余的藤蔓并牵引新枝整理形状。牵引的适期是12月中至翌年1月中旬。迟于这个适期，枝就会变硬，弯曲时会容易折断。

整理作业时，先把所有的枝条从栏杆或支柱上拆下来，把太细的枝，虚弱的枝，还有第三年的老枝都剪掉。然后把今年才长出来的新枝固定在栏杆上。感觉太少、太空虚的话，就把第二年的枝也牵引固定好。想让植株开更多花的诀窍是尽量以水平的方向牵引枝条。

勤于浇水不能让土壤干掉

铁线莲不喜欢干燥。就算是庭植，土壤干了也要浇入大量的水。盆植的话，只要表面干了就要浇入大量的水，直到盆底流出水来。

肥料（见第104页）要多一点。冬天要施用含有较多磷、钾成分的寒肥，为生长期做准备。

铁线莲对病虫害（见第118页）的抗性很强，但要注意高温潮湿的梅雨时期。尤其如果出现了下叶枯萎等症状，就要把根挖起来检查。如果长出好几个瘤，就是患了根瘤线虫病，要连土壤一起处理掉。如果是庭植的话，就要进行土壤消毒。相反地，土壤太干也会引来叶螨，也要注意。

藤蔓的牵引

尽量以水平方向牵引藤蔓，开花量就会增加。在阳台等较狭窄的场所，就让它在栏杆上绕S形。

如果是生长在尖塔形等的立体支架上，就把它盘绕成螺旋状。

第七章 世界无限宽广，探索没有尽头 各式各样的园艺

第七章 果树的栽培

世界无限宽广、探索没有尽头 各式各样的园艺

栽培果树似乎很困难，但还是可以在庭园、阳台、室内等各种环境种植。现在就来好好掌握几个让植株顺利结果的技巧吧！

选择漂亮又好吃的种类

即使是家中的小庭园也能轻松栽培会结果实的树木。园艺店里可以买到各式各样的果树苗木。但如果只是以喜好来决定购买的品种，买回来的苗木就有可能会因为不适应土壤或气候而无法顺利成长。所以购买前请一定要先确认栽培场所的环境和果树的性质，再从符合条件者当中，依据喜好或目的选择要栽培的种类。

说到种果树的乐趣，当然就是可以品尝到果实了，但和其他庭木一样，果树也拥有美丽的花、叶和枝条，所以它同时也可当做观赏用植物来种植。例如，蓝莓和加拿大唐棣就是可以欣赏到花和红叶的充满季节感的树木，因此最近也常被当做象征树来种，非常受欢迎。橄榄树散发出清凉感的叶片也很迷人，也是很有人气的品种。此外，强壮好种的柠檬、无花果也常见于庭园。

有些果树只种一棵不会结果

要栽培果树的话，有一件事一定要先了解。那就是有些种类只种一棵是不会结果的。例如白桃，它的花几乎没有花粉，想要它结果的话，就必须借助其他桃种的花粉。要种白桃苗时，要一并准备会产生很多花粉的品种种在附近，这样长大了它就会结果了。同样需要两个品种以上的果树还有奇异果、梨、樱桃，以及梅子的白加贺种和南高种等。只有一棵也会结果的果树则有温州蜜柑、无花果、葡萄、枇杷和桃子的大久保种及白凤种等。

市面上也有卖扦插的已配对好的苗木。它以其他品种的树木做扦插，例如将李子与桃子、黄樱桃以及加拿大樱桃做组合等，让果树单棵也能结果。这种苗木的魅力在于单棵就能受粉，而且还能同时享受到两种美味。

产出硕大果实的管理要点

日常管理的方法不同，产出的果实也会大不相同。

首先最重要的是肥料（见第104页）。果树从春天到初夏都要施肥，然后还要再施加让果实变大的追肥。但植株太有活力也不会开花，所以要注意施肥的量。特别是在隔年发花芽的7~8月，一定要避开施肥。果实收成后要马上施以速效性化学肥料，到了9~10月，还要施予秋肥作为次年的养分。

摘果也是一个重点。若结太多果实，树势会变弱，隔年可能就不会结果了。因此，开始挂果时就要适当地摘掉一些，减少果实的数量，以便维持树势。缩减数量使养分集中在剩余的果实上，可让果实更美味些。花数很多的树也可以在还是开花时就先把花摘掉。

若果树原本就不容易结果或希望增加收成量，可利用人工授粉以取得成果。手拿着雄花往雌花上磨擦授粉，或是收集雄花的花粉，用画笔等涂在雌花上，都可以完成人工授粉。

用花盆种果树很简单

几乎所有的果树都可以用花盆栽培。盆植还可以弹性应付气候变化。

盆植最重要的一点就是培养土（见第129页）。土壤中要混入赤玉土和腐叶土来优化排水性及透气性。选择花盆时要考虑到根的伸展，选大一号的，这样透气性比较好。

用花盆栽培时，浇水也很重要（见第96页）。土干了的话，就要浇入大量的水，直到水从盆底流出来。但不可太频于浇水以免导致烂根，这点也要注意。

盆植也要施肥（见第104页），但碍于土量有限，要避免使用肥力太强的肥料。可施用缓释性肥料，让肥力慢慢释放，频率是2～3个月1次。

盆植2～3年后，根就会盘踞整个花盆，植物就长不出新的根，也就不会结果了，所以必须要定期改植（见第82页）。如果希望植株长大一点，就换大一号的花盆；如果希望保持原来的大小，就种在一样大的花盆里。

第七章 世界无限宽广、探索没有尽头 各式各样的园艺

需要授粉树的品种

有的果树分为雄株和雌株，它们单棵不会结果，也有的品种自己的花粉不容易结果。这类树木除了要栽种结果的雌株之外，也一定要同时栽种专为授粉用的雄株。这种雄株就称为『授粉树』。

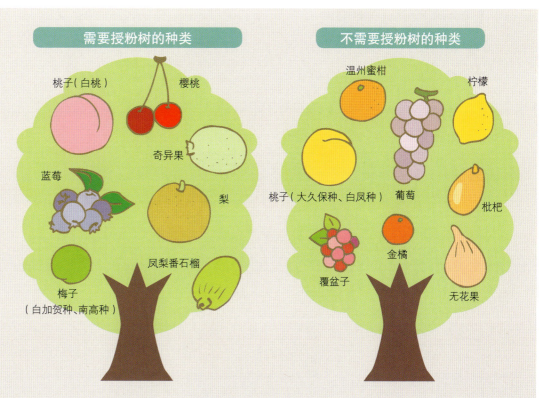

需要授粉树的种类：桃子（白桃）、樱桃、奇异果、蓝莓、梨、凤梨番石榴、梅子（白加贺种、南高种）

不需要授粉树的种类：温州蜜柑、柠檬、桃子（大久保种、白凤种）、葡萄、枇杷、覆盆子、金橘、无花果

169

观叶植物的栽培

观叶植物是很受欢迎的室内装饰植物,它们的原产地几乎都是热带、亚热带地区。要配合季节做好管理。

■ 请避开直射日光,摆在明亮的日阴处

在5~9月的生长期要尽量接受日照。气温超过20℃开始就要渐渐往外移。不过,盛夏的直射日光可能会引起叶烧。应把它们放在室外屋檐下等明亮日阴处。

休眠期的10月至翌年4月必须要有抗寒措施。不能让室温低于植物的耐寒温度,要把植物放在能隔着薄纱窗帘接受日照的明亮场所。入夜后要拉上厚窗帘等来御寒。

■ 生长期要给予大量的水和肥料

生长期的浇水原则是土表干了就浇入大量的水。

叶子的颜色变丑或是失去生气时就要施肥(见第104页)。观叶植物在生长期需要很多肥料。

到了休眠期,需要的水量就会减少,土壤也不容易干燥。要在土表变白之后再过2~3天才浇入大量的水。休眠期是停止生长的,因此也不需要肥料。

■ 借定期改植促进生长

观叶植物要2年改植(见第82页)1次。种植2年后,土壤中的营养减少了,根也变拥挤了,一旦新的根无法伸展,植物的生长就会衰退。

观叶植物的用土一般都是赤玉土与腐叶土的混土,但也有建议用不需要土壤的水培法养殖。水培用的花盆不需要有排水孔,所以也可用玻璃瓶、餐具、花器等代替,这样更有装饰感。

水培法

不使用土壤的水培法给人干净清爽的印象,是最适合把观叶植物摆在室内栽培时使用的一种栽培法。这里我们首先知道一下它的机制以及基本的方法。

肥料 — 把专用肥料稀释后以喷雾器喷在叶子上。

水 — 盛水至盆子高的1/5,完全没水后再过2~3天再加新的水。冬天不要储水,只要让水球稍微潮湿就可以了。

水位计 — 测量水位(水量)的工具。使用不透明容器栽培时才需要。

外盆

内盆

离子交换树脂营养剂 — 可净化水质并补给养分的营养剂。应依花盆尺寸加入指定的量。

发泡炼石(水球) — 把黏土做成球状后以高温烧结而成。

彩石 — 和水球一样,也是水培法用的土壤。

观叶植物栽培法

一些植物虽然都称为观叶植物，但它们的性质和喜欢的环境却各不相同。这里要介绍几种常用观叶植物栽培要领。

黄金葛

- 原产地：所罗门群岛
- 生长温度：18～30℃
- 放置场所：半日照～全阴
- 浇水：干了就浇入大量的水，冬天要干一点。
- 肥料：在春天和秋天施用缓释性化肥，或每10天施用1次液肥。

薜荔

- 原产地：日本、中国
- 生长温度：15～30℃
- 放置场所：半日照
- 浇水：在表面完全干燥之前就浇水。
- 肥料：在春天和秋天施用缓释性化肥，或每10天施用1次液肥。

虎尾兰

- 原产地：南非
- 生长温度：18～30℃
- 放置场所：全日照～半日照（夏季为半日照）
- 浇水：春～夏是表面干了就浇水。秋天要干一点。冬天几乎不需要。
- 肥料：在春天和秋天施用缓释性化肥，或每10天施用1次液肥。

变叶木

- 原产地：马来半岛、大洋洲
- 生长温度：18～30℃
- 放置场所：全日照
- 浇水：干了就浇入大量的水，冬天要干一点。
- 肥料：在春天和秋天施用缓释性化肥，或每10天施用1次液肥。

常春藤

- 原产地：欧洲、亚洲等
- 生长温度：15～30℃
- 放置场所：全日照～半日照（夏季为半日照）
- 浇水：干了就浇入大量的水，冬天要干一点。
- 肥料：在春天和秋天施用缓释性化肥，或每10天施用1次液肥。

万年青

- 原产地：南非
- 生长温度：18～30℃
- 放置场所：半日照
- 浇水：干了就浇入大量的水，冬天要干一点。
- 肥料：在春天和秋天施用缓释性化肥，或每10天施用1次液肥。

香龙血树

- 原产地：南非
- 生长温度：15～30℃
- 放置场所：半日照
- 浇水：干了就浇入大量的水，冬天要干一点。
- 肥料：在春天和秋天施用缓释性化肥，或每10天施用1次液肥。

垂榕

- 原产地：印度
- 生长温度：15～30℃
- 放置场所：全日照～半日照（夏季为半日照）
- 浇水：干了就浇入大量的水，冬天要干一点。
- 肥料：在春天和秋天施用缓释性化肥，或每10天施用1次液肥。

第七章 世界无限宽广、探索没有尽头 各式各样的园艺

洋兰的栽培

小资料

- 兰科蕙兰属、石斛兰属、蝴蝶兰属等
- 原产地：以热带、亚热带为主
- 栽培适地：室内
- 花期：冬~春、夏、秋

洋兰当中有很多为人所熟知的品种，例如作为赠礼人气很高的蝴蝶兰、气质出众的嘉德丽雅兰和花穗娇羞低垂的蕙兰等。

洋兰的栽培重点在于气温及日照量

洋兰有很多品种，其栽培最低气温也各不相同，要根据所栽培的品种调控室内的温度。洋兰无法适应太大的温差，以最高气温与最低气温相差10℃的环境最理想。

洋兰全都喜欢明亮的窗边，但它们大多数都怕直射日光，直射日光有可能会引起叶烧。有些品种需要用薄纱窗帘或调光窗帘来遮蔽光线与调节日照。此外，为了确保植株健康生长，适度的通风也是必要的。

浇水基本上是生长期要多一点，休眠期则少一点。摸摸看种下去的水苔，如果干了，就浇入大量的水。

蕙兰的春季摘芽

蕙兰在春天和秋天时摘除冒出的芽可以让花开得更漂亮。

春天时，把从根部发出来的花芽每个鳞茎（蓬起来的茎）留1根，其余的都摘除。

拿着新芽的末端往下轻压就能轻松把芽折断。

施肥方法及其他维护作业

想让植株体态丰腴，肥料（见第104页）是很重要的。施肥的方法会因品种而异，如蝴蝶兰、蕙兰、石斛兰等，都需要在春天到秋天长出新芽的时期置肥并且每周施1次的液肥。

除此之外，蕙兰在春天和秋天要摘芽。春天的新芽只留1个，其他全数摘掉，这样植株就会饱满。秋天要把末端裂开的叶芽全部摘掉，这样花就会开得更漂亮。此时请特别注意，别错把花芽给摘了。

蝴蝶兰在末端的花也开完之后可以留下节剪掉花，之后从侧芽会长出来第2轮的花。市售的多株寄植在一起的苗，如果在春天之后一株一株分开移植，会更好生长些。

圣保罗堇的栽培

圣保罗堇体积小小的，种在室内不占位置，是人气很高的盆栽。品种和色彩也很丰富。

小资料

- 苦苣苔科非洲堇属
- 原产地：中南非
- 栽培适地：室内
- 花期：整年

喜欢柔和的日照及适度的温暖

圣保罗堇有叶子像蒲公英那样展开的标准种、强韧且开花持久的奥地玛拉种（Optimara），以及茎呈蔓状伸展的蔓性种等。花的形状有一重瓣、八重瓣、波浪状等各式各样的变化。环境适合的话，一整年都可以欣赏到它美丽的花朵。

圣保罗堇必须全年都放在室内栽培。遇到直射日光叶子就会变色，花也会变小，所以应通过薄纱窗帘给植株刚刚好的亮度。适温是18～25℃。夜间要从窗边移到室内靠近中央的位置摆放。

浇水方面在土表快要全干之前给予大量的水。频率大约是每周1次。叶子碰到水会变色或生病，所以浇水时尽量不要让叶子碰到水。让室温保持在20～30℃，生长较快的时期每个月施1～2次薄薄的液态肥料即可。

夏季要避开暑气，冬季要注意保温

对圣保罗堇而言，夏季的强烈日照是大敌。可以用2层薄纱窗帘来抵御直射日光。要避开气温会上升的场所，可能的话，把花盆移到北侧窗边等的位置。另外只要在小细节上稍微注意一下，不要让土壤太闷热就行了，例如清晨时把窗户打开，让凉爽的空气进到屋内等。

冬天要注意植株最低气温不可以低于10℃。夜间要放在深一点的纸箱内用毛巾盖着保温。拿进暖气房时要注意不能放在出风口。还有，圣保罗堇怕干燥，应在花盆旁边放一杯水或湿毛巾等。

定期改植一株就可以欣赏很久

不断生长的根如果占满花盆了，植株的长势就会衰退。可以借由一年一次的改植，让植株再次开出大量的花。

要选择气温在20～25℃的温暖时期改植。从花盆里拿出植株后，把下侧的旧叶子除去一圈，根也要剪掉2/3左右。接着在切口上涂上活力剂保护切口，并种在相同尺寸或大一号的花盆中。土壤要用蛭石和珍珠岩各占一半的混合土，或使用圣保罗堇专用的培养土。

第七章 世界无限宽广、探索没有尽头 各式各样的园艺

仙人掌的栽培

仙人掌有着充满魅力的造型和色彩鲜艳的花朵。它有很多娇小的种类，在阳台等的小空间也能轻松栽培。

希望植株健康日照很重要

仙人掌是多肉植物的一种，有柱状、球状、扇形、绳状垂坠形等各种造型。

提起仙人掌，多数人都会联想到把它作为室内摆饰，但大部分仙人掌更喜欢待在屋外享受日光浴。仙人掌的原产地分布很广，有来自日照强烈的干燥地区的，也有来自热带雨林的，各不相同。

所以，仙人掌若一直放在室内培育，很容易会生病或者是腐烂。尤其厨房、浴室等场所，光线不好，湿气又重，几乎所有的种类都不适合。尽量把这摆在通风良好的明亮场所。

有些品种在春夏期间偶尔拿到屋外晒晒太阳，就会恢复生机。

不过，仙人掌也有怕强光却耐寒的种类。在选种之前应先查清楚要培育的仙人掌是什么性质，然后给它提供适合的环境。

浇水的要领是不能太多

球状仙人掌等耐干的品种是严禁潮湿的，基本上要干干地种。浇水的时机是土表干了之后再等2～3天。浇水时，水量要多到会从盆底的孔流出来，让新鲜空气和水一起被送到土壤中。若浇水太多的话，应使花盆倾斜倒掉多余的水，然后暂时放在干燥的地方。

浇水的频率以球状仙人掌为例，生长期的春季和秋季约为每10天1次，在休眠期的夏季和冬季则要减到每1个月1次。夏天我们通常会想要浇多一点水，但在夏天湿度很高的地区，对球状仙人掌来说水分已经很充足了。浇太多的水会导致根部腐烂，这点要特别注意。

几个高人气品种介绍

【金琥】黄色的刺很醒目，植株可以长到直径80厘米。水或肥料过量的话，植株照样会长大，但刺会很稀疏。

【龙神木】在温暖的春季至夏季要接受日照。浇水和施肥不要过量就能欣赏到漂亮的分枝。

【月影丸】生长得很强壮而且长得很快，春天花儿盛开。想保持美丽的深绿色就要避开夏季的直射日光。

【绯花玉】属于高山带的植物。从春天到夏天都会开出迷人红花，人气很高的品种。不喜欢直射日光，夏天要在适当的遮蔽下接受日照。

【象牙团扇】高度不会超过5厘米的扇形仙人掌。日照良好就会长得很健康。每个月浇1次水就够了。

【菫丸】粉红色花朵富有光泽。喜欢散射光。要想让植株长出蓓蕾，冬季也要照日光。

【白檀】美丽的绿色配上白色柔软的刺是其特征。晒到直射日光就会变成茶色，所以要把它放在明亮的半日阴处。浇水不要过湿即可。

多肉植物的栽培

多肉植物有各式各样的风貌，美丽的外观让人印象深刻，这使它成为常见的礼品。轻轻松松就可以把它们照顾得很健康，寄植也不难，可以试试哦。

■ 多数喜欢待在通风良好的向阳处

多肉植物有着厚厚的叶子或粗粗的茎，可以自行储存水分。其种类非常丰富，有些叶子会呈放射状展开，有些是茎部末端长着胖叶子，也有些可以在不同的季节性欣赏到花或红叶。

每个种类喜欢的环境和培育方法都不同，但多数都能在干燥地区自发生长，因此摆放场所也要避免较高湿度的场所。

黑法师和绿之铃等品种，如果光线不足就会变颜色，那样就不漂亮了。要为它们找寻通风良好且能被在日光照射最久的地方。如果种在室内，每周要有3天把它们拿到屋外的向阳处，这样它们才能长得很健康。

浇水的频率为10天～2周1次，让土壤保持在略干的状态，在表面1/3左右的土壤干燥之前都不要再浇水。但浇水时要浇透。

有些种类浇太多水植株颜色会变丑，应根据不同的种类摸索适合的环境。

■ 几个种类组合一起，享受寄植的乐趣

多肉植物会自己储蓄水分，并不需要很多土壤，因此它们很适合寄植。只要注意排水，就算用小花盆种，它们也会很快生根。因此在一个盆里可以种很多种类。用叶插法就能轻松繁殖，也建议在小容器里种满不同种类的子株。

多肉植物的寄植

多肉植物再生能力很强，可以简单地利用插芽法或叶插法繁殖。把各式各样的种类寄植在一起，就会制作出一个很可爱的装饰品喔！

1 把喜欢的多肉植物从枝条末端剪下3～5厘米。

2 把插穗下半部的叶子拔掉。

3 用镊子辅助，把插穗插进花盆里，并轻轻压一下基部。依相同方法寄植另外几个种类。

试着自己动手，把各式各样的品种寄植在一起吧！

第七章 世界无限宽广、探索没有尽头 各式各样的园艺

空气凤梨的栽培

独一无二的造型充满魅力。没有土也能栽培，可以摆在高脚玻璃杯中，也可以挂在墙上，爱怎么展示就怎么展示。

小资料

- 凤梨科空气凤梨属
- 原产地：南美洲、阿根廷

每周浇水2次，时间为傍晚和夜间

空气凤梨白天为了防止水分蒸发，气孔都是关闭的，到了傍晚才会打开，开始吸收空气中的水分。要根据这一特点，在傍晚和夜间浇水。如果白天浇水，不仅不会被吸收，反而会导致闷热，造成枯萎。

在生长期的春天和秋天每周浇水2次，用喷雾器喷上大量的水。夏天和冬天它们停止生长，所以次数要减少，土壤保持在略干的状态。尤其是气温很高的夏天，一定要注意不能给水太多。

生长期请将植株每个月1~2次放在盛了室温水的容器中浸泡4~8小时，给予大量的水。

要摆在光线柔和、明亮的室内

空气凤梨是没有土壤也能生长的观叶植物，它会吸收空气中的水分和氮等来生长。它有各式各样的种类，主要可以分为叶子上有白毛覆盖且偏好干燥环境的银叶系，和散发着美丽光泽且较爱略湿环境的绿叶系。不过，这两大系的培育方法却没有太大的差异。

空气凤梨原本是附生在热带雨林、原生林的树木或岩石上，因此不太能适应强烈的日照和过重的湿气。它们比较喜欢柔和的光线。隔着薄纱窗帘等放在通风良好的半日照处即可。虽说它们不需要太多光线，只要有灯光照明就足够了。但如果放在暗室或全阴处它们也会枯萎。

日常管理

虽名为空气凤梨，但放任不管也会枯萎。要了解正确的管理方法。

直射日光是大敌。请让植株透过薄纱窗帘等接受柔和的日照。

每周浇水1~2次，在傍晚至入夜用喷雾器给水。

用排水性佳的土壤或水苔来种植，植株会更饱满，也会开出漂亮的花。

用苔球栽培植物

苔球既是盆栽的要素，它能以袖珍版大自然的方式呈现自己喜欢的草木。只要注意日照和浇水，苔球植栽就可以长期玩赏。

■ 可爱盆栽简单种

有一种栽培方法，它是利用黏土质的泥炭土和水苔包覆根部，来取代栽培植物用的盆子。这个包覆物就是"苔球"。有时为了移植，会把盆栽植物的根从花盆里取出来看看，这称为"洗根法"。苔球植栽据说就是从这里衍生出来的，最近用各种植物制作的苔球越来越受欢迎了。

苔球栽培的植株种类从草花到观叶植物都有，多彩多姿。但是，不太能适应环境变化的高山植物等，还有不喜欢湿气的植物就不适合了，因为苔球是用湿湿的土和水苔做成的。

对苔球植栽初学者而言，性质强韧的树木维护起来应该比较容易。枫树等落叶木就算很小棵，叶子也会变红，可以欣赏到四季的变化。常春藤、袖珍椰子等观叶植物很容易种，也很适合初学者。

■ 放在室外栽培，观赏时拿进室内

苔球植栽一般都是摆在盘子上。虽然它经常被拿来当做室内装饰，但基本上还是最好放在半日照的屋外栽培。枫树的红叶是因为有温差变化才会产生的，若枫树一直放在室内就看不到美丽的色彩了。因而人们只在要观赏的时候再将苔球植栽拿进室内即可。

浇水是1天1次，在盘子里注入水，使水渗透到苔球的中心。为了避免烂根，浇水后一定要记得把盘子里的水倒干净。冬天，2～3天浇1次水也没关系，但要注意不能太干燥。

随着植株的生长，水苔和根也会不断地伸展，此时要用剪刀把不好看的枝芽剪掉，维持形状。如果有枯掉的部分，也应尽早摘除。一个苔球细心照料的话可以用好几年。

基本培育方法

不用花盆的苔球栽培必须多费点心照顾。

浇水

拿在手上感觉很轻时，就把苔球部分浸泡在水中数分钟。

苔球如果从上方浇水，水会无法渗透进去。故而要在盛装苔球的盘子里注水，让苔球从下方吸水。

置放场所

有些植物比较喜欢待在通风良好的室外。若把它们摆在室内，应该经常把它们拿出去透透气。

肥料

补水时，在盘子里加入用2倍水稀释的液态肥料。

第七章　世界无限宽广、探索没有尽头 各式各样的园艺

园艺用语辞典

园艺有很多专有名词和业内的说法。在这里我们收集了一些最基本的用语,并作了让初学者容易理解的说明。为了让你的园艺作业能够顺利进行,请先了解各用语的正确意义吧。

A

矮性种
生长高度较矮的类型的植物则称为"矮性种"。有些是为了不要让植物长得太高而特地改良品种。

B

边缘花圃
沿着道路或建筑物边缘种成带状的细长形花圃。也称为"边境花园"。

不良枝
有损树形、造成通风不良或妨碍树木生长的无用枝条。要剪定除去。

包根苗
拨落土壤后用泥炭苔等把根缠起来的苗。

半日照
一天当中只有3~4个小时会晒到太阳,或不会受到日光直射,只能透过树叶缝隙等接受到一点点日光的场所。

保水性
排水性不会太好,能适度蕴含水分的性质。

保温箱
为了保温,让盆栽、幼苗等暂时在里面过冬用的小型温室。

病毒病
由病毒引起的疾病。症状会因病毒及植物的种类不同而异,但多数情形为叶子上会长出斑点或浮出筋络。

斑纹叶
叶子在原来的颜色中有不同的颜色混入,变成斑纹的状态。大都因为个体变异等导致的部分叶绿素缺乏。可作为彩叶植物搭配。

C

赤玉土
由红土干燥筛制而成,为培养土的主要成分。依颗粒大小分为大粒、中粒、小粒。排水性、透气性和保水性都很好。

赤玉土的中粒和小粒。

春插
春天播种。用于称呼适合在春天播种的植物,例如"春播品种"。

除草
除去杂草。杂草的根很深,最好在长大之前就连根拨起。

草木灰
枯枝或干杂草等烧成的灰。是品质非常好的磷、钾肥料,且具有杀菌力。可中和酸性土。

侧芽
长在茎部末端以外的芽,从干、茎的中部或叶子根基部冒出的芽。也称腋芽。

常绿树
没有落叶期,一整年都枝叶茂密的树木。每片树叶的寿命都在1年以上。

彩叶植物
叶色绚丽的植物的总称。有斑纹、银、铜、黄、黑、红、紫等各式各样的叶色。

盛土器

种植物时铲取土壤并倒入容器中所用的工具。有大、中、小三种，根据花盆尺寸及土量选择使用。

盛土器。

插穗

扦插使用的茎、枝等总称。

垂榕的插穗。

迟效性肥料

从施肥到被植物吸收需要数天时间，之后会缓慢并长期发挥效果。也称为缓释性肥料。

迟霜

晚于平年（非闰年）最后霜降日降下的霜。请注意天气预报，怕冷的植物要立刻做好防寒措施。

D

第一代杂交种

两个不同系统交配产出的杂交种第一代，又称为"杂交第一代"或"F1"。从这个植株采取种子来播种，其植株也不会有和母株一样的特征。

点播

以一定的间隔每次撒2～3粒种子称为点播。

地被植物

会匍匐在地面生长的植物，茎和枝是横向伸展的。会攀附着墙壁或栅栏生长的蔓性植物也算。

地植

把植物种在庭园或花圃等。

多年生草本

能够跨越多年持续生长的植物。即使冒出地表的部分枯萎了，根也还会活着，之后再发芽并继续生长。也称为"宿根植物"。

多肉植物

有着肥大的叶、茎、根等能够储存水分的植物。原本生活在沙漠地带或高山等的干燥土壤上，为了能够储存水分而进化。

形形色色的多肉植物。

低木

庭园里高度较低的树木。可以种在较高树木的下方。

定植

把培育在苗床中的幼苗最终种定在花圃或花盆中。也称为"本植"。

断水

盆植的土壤干了，没有水分了。

堆肥

在落叶、枯草、稻草等中加入油粕、米糠、鸡粪、牛粪等有机物质，并经发酵后的产物。用于土壤改良及基肥。

顶芽

长在茎、枝、干末端的芽。长势会比长在枝干中段的侧芽更强。

单粒构造

土壤粒子各自独立的构造。细单粒构造的黏土排水性不好，粗单粒构造的砂子排水性太好，这两种都不适合栽培植物。

氮

和磷、钾共同为肥料的三要素。它可以让叶子的颜色更深且发育更好，所以也称为"叶肥"。氮原本是土壤中容易不足的成分，要注意，如果它太多也会导致叶子过于茂密而不开花。

打湿

在盆栽周围的地面洒水。借由蒸发作用达到使温度下降的效果。

灯笼造型

蔓性植物的造型方法之一。沿着花盆的边缘插几根支柱，然后把植物的藤蔓沿螺旋方向缠绕成如灯笼般的形状。

E

萼

花朵根基部的器官。以从外侧包住花的形态存在。

F

分枝
由侧芽长出来的分叉枝条。

分球
球根自然分裂出来的子球。或指人为的分切繁殖作业。

分株
多年生草本植物繁殖方法之一。植株长得太大时就把它挖起来,把根分切成几个部分并重新种植,使植物重返生机。

非洲菊的分株。

分蘖枝
从树木基部长出来的细枝。

分蘖枝的剪定。

肥料
对植物生长而言是必要的,但土壤中却容易不足的成分,如氮、磷、钾等的补充物。种类很多。

肥伤
给予的肥料太多或浓度太高导致植株衰弱的情形。

附着共生
改植的苗或扦插的树木等长出根并冒出新芽开始生长。

发芽
播下的种子长出芽来。

发芽率
播下的种子发芽的比例。

发芽适温
发芽率最高的温度。低于或高于这个温度都不容易发芽。

发根促进剂
用于促进植物根系生长的药剂。用于幼苗及扦插时。

腐叶土
榉木等阔叶树的树叶腐化物。混入土中可以改善排水性和透气性,也能让土中的有机微生物增加。

覆土
播种之后在上面覆盖土壤。有光才会发芽的好光性植物播种后不需要覆土。

覆盖
在植株周围的土上铺放落叶、堆肥、稻草、塑胶布等的作业。冬季可以防止干燥和寒冷,夏季可以防止干燥和暑气。

G

共荣作物
把某些植物种在一起可以防止病虫害或帮助生长发育等具有相互关系的植物。例如可以帮番茄驱赶害虫的韭菜或香草等。

改植
把幼苗、苗木、长大的植株、盘根的植株移到新的场所或花盆里。和移植的意思相同,但换新土壤和改种至大花盆也称为改植。

根盆
把植物从花盆里取出或从土壤里挖出时,根与土凝结成一整块的部分。

根茎
球根的一种。植物在地底横向生长的地下茎的肥大部分。

格子棚架
设置于庭园、阳台等,由方形细木材组成的格子状物。除了可以让藤蔓植物攀爬,也可以当成隔间或悬物架来用。

菰卷
为驱除红松、黑松等树木上的害虫而将稻草编织物围在树干上的做法。这样有害的毛虫、幼虫就不会钻进树干里,而是钻到菰卷里头过冬了。春天再把菰卷拆下来烧掉即可。

灌木状
不是纵向,而是横向扩张伸展的状态或形式。特征是高度较矮、枝条很多,不需整枝及牵引,也称为灌木型。

灌水
提供水分给植物。同浇水、给水。

观叶植物

叶子的颜色或形状赏心悦目的植物。主要摆在室内。

观叶植物黄金葛。

H

好光性种子

矮牵牛花、莴苣等需要充足光线才会发芽的种子。此类种子如果覆土太厚就会不容易发芽。

花木

为观赏花朵而种在庭园或花盆里的树木。

花序

花朵在茎上的排列。依植物种类不同,有各式各样的排列方式。

花芽

继续生长会变成花的芽。

花盆

与大小、素材、形状无关,为栽培植物用的容器总称。

花圃

把庭园等的一部分区隔出来并堆起土壤作为种植草花之用的场所。

花茎

支撑花朵的茎。指从花轴分枝出来到花朵之前的柄部分。

害虫

会侵害植物的昆虫。有的会吃花和叶子(青虫、毛虫、夜盗虫等),有的会吸食叶、茎的汁液(蟑螂、介壳虫等)。

混植

将几种不同种类的植物混合种在花盆或花圃中。

寒肥

在植物停止生长的严寒时期施用的肥料。施用时间为12月至翌年2月。使用效果缓慢的缓释性肥料,让植株在春天发芽时能够得到滋养。

号

表示花盆尺寸的单位。1号的口径约为3厘米。

缓释性肥料

肥料的成分会一点一点地溶出来,效果缓慢且长期持续。多用于基肥。

化肥

含有氮、磷、钾等一种或两种以上的成分以化学方式合成的肥料,用于基肥与追肥。

环状剥皮

在树木的主干或粗枝上割细细浅浅的牙口,然后沿环状剥去表皮。剥除部分的上部会长出根,所以可以利用这个方法压条,用于植物的繁殖。

J

节

茎部长出叶子的部分。节上有芽,剪定或摘心的话,那里的芽就会长出新枝。相邻的两节之间称为"节间"。

假植

刚发芽的苗在种到花盆或花圃之前所做的假移植。这样可以促使根系发达,等到长得差不多了再定植。

剪定

为改善日照、通风,或为促使植株长出更多花、叶、果实,而用剪刀剪去枝叶的作业。

基肥

植物定植前预先混入用土中的肥料。属使用效果缓慢且长期持续的缓效性肥料。

把基肥放在底部附近,不能让它碰到根。

寄植

将数种植物一同种在花盆中。

寄植。

结果

花朵受粉并长出种子。

间拔
发芽后，视生长状态把拥挤处的部分植株或发育不良的植株拔掉。

集土
把土壤堆高在定植好的植物基部。除了在间拔后为避免植物倾倒而做，还有其他各种目的。

嫁接
把想繁殖的植物的一部分（接穗）接在有生根的其他植物（砧木）上使之发苗的繁殖方法。

嫁接苗
以对病虫害及低温抗性较强的植物为砧木所培育出来的苗。如果是花木或果树的话，开花、结果的时间就会提早。

钾
和磷、氮等共同为肥料的三要素。它能帮助植物结果及发育，也能使根、叶强韧，提高植栽对病虫害的抵抗力。

鸡粪
由鸡的粪便干燥制成的有机质肥料。含有大量的氮、磷、钾，多作为基肥利用。

浸泡
浇水的一种方法，用于气栽植物等。指将植物沉入水中，使其吸水6～8小时。但不可太久，否则会窒息。还有，气温太高时水温也高，也不可施行。

K

苦土石灰
一种石灰质，用于中和酸性很强的土壤。苦土就是氧化镁，虽然只需要一点点，却是植物不可缺少的养分。

开花株
已经成长到可以发花芽的植株。也指预期在1年内会开花的植株。

开叉盆
侧面有纵长形牙口的花盆。由于有开叉的关系，根不会在盆中绕圈圈，而会向下伸展，这样比较不会盘根。

块根
球根的一种。根因储存水分和养分而肥大的部分。

银莲花的块茎。　　陆莲花的块根。

块茎
球根的一种。地下茎变大成为块状的部分。

阔叶树
叶形宽阔且平坦的树木统称为阔叶树。属于双子叶植物，如樱、麻栎等。

颗粒土
盆植时为改善排水性及透气性而铺于盆底的大颗粒土壤。

L

立性
朝向上方笔直伸展的植物。

立枯病
会侵犯植物的根部或地表部，并导致植株急速枯萎的一种疾病。小幼苗最容易罹患。

连作
在相同场所连续栽培同一种植物。

连作障碍
在同一个场所重复种植相同的植物时，就会发生不发芽、烂根、枯萎或是作物有缺陷的现象。也称为"忌地现象"。原因是养分不足和病虫害增加。

轮作
在同一个场所依计划性的一定顺序栽培几个不同种类的作物。可抑制会传染的有害生物或病虫害，也可以防止土质变差。

落种
自然掉落到地面上的种子。如果植株很健康的话，就算是落种也会发芽。

鹿沼土
从日本枥木县鹿沼这一地方取得的酸性土。无菌且排水性良好，用于扦插及盆植。

鹿沼土。

落叶树

到了秋天叶子会掉落，冬去春来又会冒出新芽的树木。落叶树几乎都是阔叶树，且多数能欣赏到美丽的红叶或黄叶。

绿篱

用植物做成的篱笆。有时是并排地种成与邻家之间的界线，有时则是为了防风、遮光或是遮蔽外来视线而种。

裸苗

指休眠中被挖起来并用水洗净根部土壤的苗。

莲座状

像蒲公英、车前草那样，叶子在距离地面很近的地方展开并生长成放射状的状态。宿根草在过冬时也多会变成莲座状。

磷

与氮、钾同为肥料的三要素，也常写作"磷酸"。它能帮助花和果实长得更好。也有使花色更美的效果。

礼肥

开花或收获之后为了补充消耗掉的养分而施用的肥料。由于是在开花过后或果实收成之后以答谢的心情施用，所以叫做"礼肥"。

烂根

因浇水、施肥过度或排水不良导致根无法充分呼吸，进而腐烂的情形。放着不管的话，植物就会枯萎。

落花（落果）

开了的花（结了的果实）掉落的情形。

留1株，留2株

做苗的间拔时，留1株就是指每个穴保留1株，留2株就是指每个穴保留2株。

绿枝

春天长出来的枝。用这个枝做扦插就称为"绿枝插"。

鳞茎

地下茎的一种，叶子因储蓄养分而长成多肉且重叠的模样，最后形成球形或卵形。如百合、郁金香、水仙等。

百合的鳞茎。

篱笆

为界定土地范围而圈设之物。材料为树木或竹子等。

M

密闭扦插

繁殖植物用的一种扦插方法。即用光线可以通过的薄膜覆盖扦插的植物以便保持湿度的方法。

闷盆

如果在很热的时段给植物浇水，热气和湿气就会聚积在盆子里，使盆中变得闷热，最终会导致烂根或病虫害。

苗床

发芽后让稚嫩幼苗发育的场所。在此处成长到一定大小之后，就要改植到花圃或花盆中。

蔓性

藤蔓会不断生长并攀爬在支柱等上的植物。

N

内芽

在有好几根枝条的植株上，末端朝内侧（主干侧）生长的芽。

泥炭苔

由堆积且腐烂的水苔等所制成的干燥碾碎物。性质近似腐叶土，用于混入土壤，改善透气性、保水性、保肥性。

P

盆底石

为改善排水性，在填入培养土之前先在盆底放入轻石等。也称为颗粒土。

盆底网

为避免土壤或石头流出盆外，用来堵住盆底孔的网状物。也有防止昆虫入侵的效果。

用盆底网堵住盆底的孔。

盆花

盆植的花卉或树木。

盆苗

种在聚乙烯等材质所制作的花盆中的幼苗。这是暂时的容器,之后要改植到花圃或花盆中。

香堇菜的盆苗。

盆栽庭园

仅以盆栽装饰的庭园或阳台。没有土地也能栽培植物,非常有趣。

培养土

为栽培植物而以赤玉土、腐叶土、蛭石等各式各样的土壤及辅料混合而成的土。也称"用土"。

匍匐性

茎或藤蔓会贴着地面伸展的性质。

品种

栽培品种、园艺品种的略称。用于在颜色、形状、性质等与其他植物做区别。例如卡萨布兰加就是百合的品种之一。

品种改良

利用人工交配或突变等方法制造出较优的品种。

配置

根据日照及生长条件,决定哪里要种什么植物。

排水

在土里加水时,水渗透通过的情形。

喷雾器

喷洒药剂时使用的能喷出水雾的器具。

盘根

根已长满盆中,无法再伸展的状态。排水性和透气性会变差,植株会因无法吸收水分而枯萎。

缠得很密的盘根。

Q

扦插

繁殖植物的方法之一。把切下来的茎、枝、叶、根等插在土里,让新的根或芽长出来。

秋播

秋天播种。用于称呼适合在秋天播种的植物,例如"秋播品种"。

球根

植物的地下器官因储存养分而肥大化或蓬大成球状的部分。有"鳞茎""球茎""块茎""块根""根茎"等。

气栽植物

不需要土和根,直接用叶子吸收空气中的水分和养分来生长的植物。附生在树木的枝条或岩石上。

畦

为了栽种幼苗等而堆高成条状的土。

强剪定

把枝条剪掉一长段,使其变短的剪定。

浅植

把苗或球根浅浅地定植在土壤里。

牵引

把植物的茎绑在支柱、栏杆、格子棚架上作为诱导的作业。常用于蔓性植物。

球茎

球根的一种。指地下茎因储存养分而蓬大成球状的部分。

小苍兰的球茎。

轻石

从火山喷出来的小型多孔岩石。质量轻且透气性佳,保水性和排水性也很好,作为盆底石使用。

R

人工受粉

以人为方式把花粉黏在雌蕊上的作业。用于自然受粉较困难时,或希望能确实采收到种子时。

弱碱性土

酸碱度在 pH 7.5 左右的土壤。虽然大部分植物都喜欢弱酸性的土壤，但原产于地中海沿岸地区，一直生长在弱碱性土中的植物，则喜欢弱碱性的土壤。

弱剪定

只把枝条剪掉一点点的剪定作业。

上盆

把植株从苗床改植至花盆或较大容器中的作业。把花圃中的植物改植至花盆时也可以这样称谓。

受粉

指花粉黏在雌蕊头部的情形。大多是由蜜蜂、蝴蝶等昆虫或风运送花粉至雌蕊上，之后就会结出果实。

疏枝

把长得太多太拥挤的枝条切掉，以改善日照及通风的作业。又称为"间拔剪定"。

酸性土

土壤的酸碱度是以 pH（氢离子浓度指数）来表示，pH7 是中性，不到 7 就是酸性土。土壤太偏碱性或太偏酸性，植物都会长不好。大多数的花都是用弱酸性（pH 5.5～6.5）的土壤来栽培。

撒播

全面均匀地散开则称为撒播。

水口

填土时，只填到距离花盆或容器上缘 2 厘米的高度，留下的空间就称为"水口"。这样浇水时土或水就不会溢出来，可以暂时储水。

留水口　2～3厘米

水盆

移植树木或草花时，会在树干或茎的周围挖凹槽让水囤积，这个凹槽就称为水盆。也用来指种水草等的盆子。

水苔

将自生于湿地的一种称为水苔的苔藓类植物干燥制成的植入材料。保水性、吸水性兼优，用于兰花及山野草等的栽培。

水苔。

酸度调整

调整土壤的酸度（酸性度）。可以用石灰等把土壤调整成植物喜欢的酸度。

水培法

一种用水栽培植物的方法。在底部没有孔的容器中放入水和一种叫做发泡炼石的人造石来栽培植物。

水培法。

四季开花

植物没有固定花期，只要气温维持在生长适温，就一年四季都会开花的性质。

石灰

用于中和酸性土。有苦土石灰、消石灰、有机石灰等。

宿根草

每年会反复开花、结果的草花。有的类型夏季或冬季地上部会枯萎，只留下根并休眠，有的类型一整年都看得到绿叶。属于多年生草本植物。

属于宿根草的玛格莉特（左）和圣诞玫瑰（右）。

施肥

为促进植物生长而给予肥料的作业。

生长适温

最适合该植物生长的温度。低于或高于这个温度植物都会生长不利。

松柏科植物

即针叶树。圆锥形或圆筒形的树形很漂亮，叶子的色调也很迷人。只种不同种类松柏科植物的庭园称为"松柏庭园"，可欣赏到形形色色针叶树的组合之美。

松柏科植物的一种——香冠柏。

素烧盆

未上釉彩的低温烧制的花盆。透气性和排水性都比塑料的花盆好。

素烧花盆。

散水器

装在浇花壶前端，有很多小孔的零件。

速效性肥料

给予后会立即被植物根部吸收，并很快显现出效果的肥料。效果很短，用于追肥。易溶于水的化肥及液肥均属这类。

水生植物

长在水中或水边的植物的总称。有浮在水面上的"浮水植物"；有在水底扎根，但叶子露出水面的"浮叶植物"；有整株都在水里的"沉水植物"；有根在水中，叶子和茎则伸出水面上的"挺水植物"等。

树形

由树木枝叶构成的整体样貌。每一种树木都有其固定的大略树形。

树冠

树木上部枝叶茂密的部分。

树高

树木从地面到顶端的高度。

树势

树木的生长气势。

T

庭木

种在庭园里的树木。

徒长

因日照不足或施肥过度，茎或枝长到不必要以上的长度并且纤细虚弱的情形。

条播

一种播种的方法，即一列一列播成条状。

藤蔓过度成长

由于氮肥施用过多、日照不佳或排水不良等原因导致藤蔓生长过度的情形。会妨碍植株的开花、结果。

土壤改良

为使栽培用土更适合植物生长而对其做的改良。例如，土壤中混入堆肥、腐叶土、蛭石、珍珠岩等，以改善其排水性、保水性、透气性等，或调整其酸度。

花圃的土壤改良。洒上堆肥及腐叶土并拌匀。

苔球

用适合的土壤将植物的根包成球状，表面再裹苔类植物。不用花盆，而是直接放在盘子等上栽培，可作为室内装饰。

苔球。

团粒构造

微细的土壤粒子集结成1厘米左右的颗粒，水和空气可以顺利通过颗粒与颗粒之间的空隙的构造。排水性、保水性、透气性、保肥性都很好，很适合栽培植物。

W

外芽
对主干及枝条而言，朝向外侧的芽。剪定、整枝时要在紧邻外芽的上方剪断。

微尘
土壤中的微细粒子。如果堆积在盆底就会堵塞，导致排水及透气不良，所以栽种植物之前，一定要先过筛除去微尘。

温度差
白天气温与夜间气温的差。以10℃左右为理想。

完熟堆肥
落叶、油粕、稻草、牛粪等的有机物发酵至完全分解的状态时称为完熟堆肥。未成熟的堆肥有可能会不利于植物生长。

晚生种
同种类蔬菜中收获时期较晚的品种。

无机质肥料
利用化学方式合成的肥料，无臭且易溶于水，很快就能被植物吸收。

X

休眠
植物为了度过酷热、寒冷及干燥等不适宜生长的时期暂时停止生的状态。地下的根或球根等会活着，待气温等回到适合的状态植物又会开始生长。

吸枝
从地下茎长出的新株或嫩芽。会在与母株有段距离的地上生长。又称为"吸芽"。

形成层
紧邻在树皮或茎表皮内侧的组织，是植物制造新细胞的地方。负责使枝、干、茎变粗。

新苗
扦插后经过2~3个月，在早春发芽的幼苗。

嫌光性种子
不够阴暗就不发芽的种子。这类种子播种后要覆盖为种子2~3倍厚的土壤。

稀释倍率
配合植物需要用水薄化液肥或药剂等时的倍率。

象征树
种在庭园、阳台、露台等，作为该场所的中心物的树木。

修剪
把伸展的茎或枝剪短修齐的作业。借由剪除变旧的茎和枝，促使新的茎和枝生长。

修剪好的金露花。

香草
气味芬芳、具有药效，在料理及药用方面对生活有帮助的植物。

Y

腰水
把花盆放在盛了水的浅容器中，让水从盆底被吸上去的方法。可以吸入很多水，很适合湿地性植物。但要注意不可长期施用，否则可能会烂根。播种后或插芽后也常用。

叶水
在叶子上加水。用喷雾器对着植株全体喷水，可以达到提高叶子周围空气湿度的效果。在叶子的里侧喷叶水还可以防止叶螨滋生。

给观叶植物喷叶水。

用土
用于盆植或苗床栽培的土壤。

有机质肥料
以油粕、鸡粪、骨粉、鱼粉等动植物为原料所制成的肥料。有特殊气味且效果持久，主要用于基肥。

叶烧
夏天受到日光直射导致叶子的一部分枯萎的情形。

疫病
蔬菜、水果、草花、树木等多种植物会发生的疾病。叶子、茎、果实会变成茶色并且腐烂、枯萎。

叶芽
继续生长会变成叶子的芽。形状比花芽小一点、细一点。

叶面散布
将溶于水的肥料或农药利用喷雾器等散布在叶面上。

压条
植物的繁殖方法之一。做法是把树皮切掉，待其上部发根之后就从主体上切离并繁殖。

野花
野生植物中有些草花可以直播，在贫瘠土地也能存活，不必特别照顾也能开出漂亮的花。

园艺品种
为了让原种的花、蔬菜、香草等更漂亮、收获量更多或更容易种而以人为交配、选拔等方式制造出来的植物。也称为"园艺种"。

一番花（一番果）
植株上最早开的花（最早结的果实）。

一年生草本的香堇菜。

一年生草本
播种后会在一年内发芽、开花、结果、枯萎的植物。从播种到开花为止的周期在1年以上或2年左右的植物则称为"二年生草本"。

液肥
液态肥料的简称，也称为"水肥"。以稀释原液来使用的类型为主流。也有的是把液肥装在注射剂型的容器中插入土中使用。有些是速效性，可以当追肥使用。

移植
把植物改种到其他场所。例如从苗床移到花盆，或从育苗盆移到花圃等。

从播种床移植到育苗盆。

移植铲
一种小型铁锹，用于挖起植株、挖种幼苗的孔，或是稍微的翻土作业等。

移植伤害
植物在定植或改植时根受了伤，导致无法吸水，进而演变成生长障碍。受到移植伤害的植株会暂时停止发育、叶子掉落，甚至枯萎。

原种
园艺品种改良前生于原产地的野生种、自生种。

原产地
植物原本自然生长的场所。用于园艺则是指原本自生于各种不同地域的植物经改良后的产物。即使经过改良，其基本性质也不会变，所以要知道原产地的气候等知识，并提供相仿的环境来栽培。

育苗
播种后提供适合的环境给种子，直到幼苗生长至一定程度为止。此时使用的容器称为育苗盆或育苗箱。

油粕
大豆、花生、菜籽、芝麻等榨油之后留下来的残渣，是含有大量氮素的有机肥料。

Z

摘果
在果实还小的时候进行间拔。目的是让每个果实长得更大，或减轻植株的负担。

遮光
利用寒冷纱等替植物遮蔽直射的日光。

摘花

即花的间拔。目的为调整果实的数目或减轻植株的负担。

摘花蒂

开花后，把已枯萎未掉落，或刚要枯萎的花蒂摘除的作业。放着不管的话，植株会容易生病，而且养分会被保留给即将结成的果实，导致植株不开花。

摘心

剪定的一种，把枝、茎末端的芽摘掉。摘心能使侧芽生出、花数增加，也能控制植株的高度。

矮牵牛花的摘心。

摘芽

摘除不必要的侧芽，用于想减少枝条数目或改善发育状况时。也称为"摘侧芽"。

摘蕾

为调整开花数量而摘除蓓蕾的作业，目的是使剩余的花开得更大，或收获更大的果实。

整枝剪

整枝时使用的剪刀。以两手握住柄部使用。

整枝

为改善日照、通风，促进植物生长发育而把茎或枝等剪断。或把树木多余的枝条等剪掉，塑造成理想的形状和高度。

增土

为避免幼苗倾倒或根系露出土表而补足在植株基部的土壤。

植株基部

植株的茎触碰到土壤的部分，即根基。

造型树（绿雕）

做了装饰性剪枝的常绿树。常做的造型有几何图形和动物形状等。是英式风格庭园常见的技法。

遮阳纱

用绵或化学纤维等织成网状的布。用于遮蔽直射日光、防霜、防虫、防风、防止水分蒸散等。

蛭石

原石经高温加热后再击碎成的小石块。用于改善植栽土壤的排水性、透气性及保水性。常与赤玉土等混合使用。

子球

从球根自然分出长成的新球根。

造型

利用牵引、剪定等，把植物塑造成自己想要的模样。主要有两类：一类为做成像灯笼一样的"灯笼造型"，另一类为搭棚子让枝条攀附的"棚架造型"。

自生

植物在未受人为保护的自然状态下生长发育。

子房

雌蕊基部蓬起来的部分。即受粉后会变成果实的部分。

支柱

支撑植物的细棒等。插在土中，将易倾倒的植物的茎等在数处扎绳固定。也可以提供给藤蔓攀爬。

株间距

并排种植时，植株与植株之间的间隔。太窄的话会容易发生病虫害，植株必须保留适当的株间距以确保良好的通风和日照。

真砂土

花岗岩风化而成的砂。作为用土的话要再添加有机质。

追肥

基肥不足时为补充养分而施用的肥料。盆植时肥料很容易用完，务必定期施用追肥。

直播

直接把种子播撒在田园或花盆里的播种方法。用于不便移植或种子体积较大的植物。

珍珠岩

黑曜岩、珍珠岩击碎后经高温烧制而成的用土。透气性及排水性兼优，不只被当成栽培用土，也用于黏土质的土壤改良。质量很轻，很适合当挂式盆栽的用土。

走茎

从母株横向延伸出来的茎。末端会长出子株，并且会着土生根。

草莓的走茎。

针叶树

有着尖而长的叶子或鳞片状叶子的树木的总称。例如松树、杉木、桧木等。

置肥

在花盆边缘或植株根基部放置缓释性肥料。和混入土壤中的肥料类型不同，每次浇水就会溶化一点点，能发挥缓慢而持续的效果。

摆放置肥时请不要触碰到植株。

早生种

同种植物中可在较早时期收获的品种或系统。

Ketteiban engeisagyou no Benricyou © Hitoshi Watanabe 2012
First published in Japan 2012 by Gakken Publishing Co., Ltd., Tokyo
Traditional Chinese translation rights arranged with Gakken Publishing Co., Ltd.

图书在版编目（CIP）数据

园艺栽培事贴 /（日）渡边均编；郭巧娟译 . —福州：福建科学技术出版社，2017.3
ISBN 978-7-5335-5088-2

Ⅰ.①园… Ⅱ.①渡…②郭… Ⅲ.①园艺 - 保护地栽培 Ⅳ.① S62

中国版本图书馆 CIP 数据核字（2016）第 135370 号

书　　名	园艺栽培事贴
编　　者	（日）渡边均
译　　者	郭巧娟
出版发行	海峡出版发行集团 福建科学技术出版社
社　　址	福州市东水路 76 号（邮编 350001）
网　　址	www.fjstp.com
经　　销	福建新华发行（集团）有限责任公司
印　　刷	福州德安彩色印刷有限公司
开　　本	889 毫米 ×1194 毫米　1/16
印　　张	12
图　　文	192 码
版　　次	2017 年 3 月第 1 版
印　　次	2017 年 3 月第 1 次印刷
书　　号	ISBN 978-7-5335-5088-2
定　　价	53.00 元

书中如有印装质量问题，可直接向本社调换